Richard M. Stephan
Matheus Sotero
Renata Santos

Controle de **Máquinas Elétricas**

Exercícios com Solução

2ª Reimpressão Revista

EDITORA CIÊNCIA MODERNA

Editor: Paulo André P. Marques
Produção Editorial: Dilene Sandes Pessanha
Capa: Daniel Jara
Copidesque: Equipe Ciência Moderna
Texto preparado em LaTeX

FICHA CATALOGRÁFICA

RIBEIRO, Matheus Sotero da Silva; LIMA, Renata Santos; STEPHAN, Richard Magdalena.

Controle de Máquinas Elétricas - Exercícios com Solução

Rio de Janeiro: Editora Ciência Moderna Ltda., 2023.

1. Engenharia Elétrica 2. Motores Elétricos
I — Título

ISBN: 978-65-5842-284-6 CDD 621.3
621.46

Editora Ciência Moderna Ltda.
R. Alice Figueiredo, 46 – Riachuelo
Rio de Janeiro, RJ – Brasil CEP: 20.950-150
Tel: (21) 2201-6662/ Fax: (21) 2201-6896
E-MAIL: LCM@LCM.COM.BR
WWW.LCM.COM.BR **07/23**

Aos estudantes de Engenharia Elétrica.

Sumário

Capítulo 1

Introdução

Existem muitos livros para o ensino de Controle de Máquinas Elétricas. Podemos citar (Alerich, 1988), (Barnes, 2003), (Boldea e Nasar, 1999), (Bose, 2002), (Dewan, Slemon, e Straughen, 1984), (Dubey, 1989), (Herman e Alerich, 1999), (Hughes, 2003), (Kazmiekowski e Tunia, 1994), (Kenjo, 1991), (Moreton, 2000), (Murphy e Turnbull, 1988), (Novotny e Lipo, 1996), (Palma, 1999), (Valentine, 1998), (Yamamura, 1986).

Mas o livro Control of Electrical Drives (Leonhard, 2001) se destaca pelo rigor na nomenclatura, pela clareza na exposição, também pelo fato de o autor ter sido o orientador dos trabalhos que levaram ao conceito de Controle Vetorial de Máquinas Elétricas. Esse livro será referenciado aqui como Livro-Texto.

Faltam, nesse livro, apenas alguns exercícios que auxiliem ao estudante na fixação dos conceitos apresentados. A presente publicação objetiva preencher essa lacuna. Ela foi escrita por um professor e, com a colaboração de dois dedicados mestrandos, tornada realidade. Para o acompanhamento do conteúdo do livro existem aulas gravadas disponíveis no YouTube. Elas podem ser acessadas pelo link ou QR Code abaixo:

`www.youtube.com/playlist?list=PLGMYwhcNRvbXmwW8myDbn2kU-QfowpucN`

1.1 Dicas Iniciais

A formulação matemática do Livro-Texto toma como base a definição de Vetor Espacial introduzida por (Kovacz e Racz, 1959) e apresentada na Equação (10.5) do Livro-Texto a seguir reproduzida:

$$i_S = i_{s1}(t)e^{j0} + i_{s2}(t)e^{j2\pi/3} + i_{s3}(t)e^{j4\pi/3}$$

A definição acima se aplica para qualquer grandeza trifásica, seja ela corrente, tensão ou fluxo. Ou seja, a variável i poderia ser substituída por v ou ϕ.

Inicialmente, deve-se chamar atenção para o fato do Vetor Espacial ser um mero número complexo, representado graficamente em um plano 2D. Naturalmente, a escolha do Eixo Real definirá as direções $e^{j0}, e^{j2\pi/3}, e^{j4\pi/3}$ acima. Ao longo de todo o Livro-Texto, sempre que o Vetor Espacial apresentar o subíndice S, o Eixo Real coincidirá com a linha central da fase 1 do estator da máquina elétrica. Sempre que o subíndice for R, o Eixo Real será a linha central da fase 1 do rotor da máquina elétrica. A Figura 1.1 ilustra os referenciais.

A nomenclatura poderia ser mais rigorosa indicando com um sobreíndice, por exemplo, o referencial adotado. Algumas publicações adotam esse procedimento, com o ônus do texto pesado. Leonhard preferiu simplificar na notação, e respeitaremos a escolha do mestre.

Os Eixos Reais, definidos pelas linhas centrais das fases 1 de Estator e de Rotor, estão defasados de ϵ. A derivada de ϵ em relação ao tempo fornece a velocidade angular:

$$\omega = \frac{d\epsilon}{dt}$$

A literatura inglesa costuma representar as grandezas trifásicas como um vetor de três componentes. A representação gráfica, nesse caso, exige o espaço 3D, sendo, portanto, de visualização desajeitada.

Outra vantagem da representação por Vetores Espaciais encontra-se na mudança de referencial. Em lugar de transformações que exigem a multiplicação por matrizes, com termos de difícil memorização, agora a mudança de coordenadas se resume a uma simples multiplicação por fatores do tipo $e^{j\alpha}$, em que α fornece o ângulo entre os referenciais.

Finalmente, vale destacar a derivada das variáveis representadas por números complexos. Basta seguir a regra da cadeia aprendida no primeiro curso de Cálculo:

$$\frac{dxe^{j\alpha}}{dt} = \frac{dx}{dt}e^{j\alpha} + je^{j\alpha}\frac{d\alpha}{dt}x$$

A única desvantagem da abordagem adotada no Livro-Texto reside na impossibilidade de modelar máquinas de polos salientes. Como apenas os geradores síncronos se enquadram nessa situação, a restrição mencionada em nada afeta o objetivo principal, ou seja, o controle de motores elétricos (*drives*).

Destacados esses pontos, nada mais há o que temer.

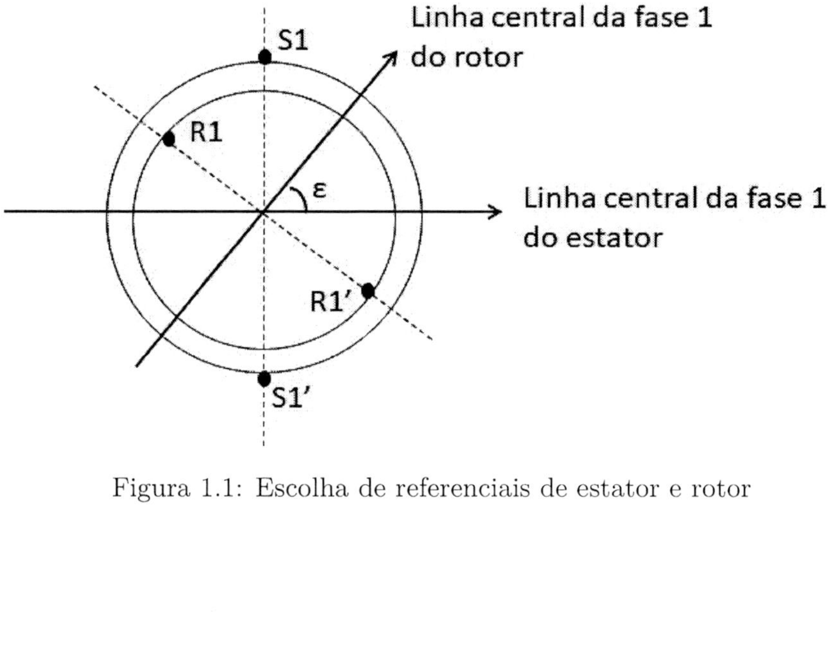

Figura 1.1: Escolha de referenciais de estator e rotor

Capítulo 2

Dinâmica Mecânica Caps. 1, 2 e 3 do Livro-Texto

Os temas abordados nos exercícios deste capítulo são relativos aos conhecimentos básicos das cargas mecânicas e dos sistemas de transmissão de movimento. Os exercícios propostos cobrem o conteúdo dos capítulos de 1 a 3 do Livro-Texto Não foram propostos exercícios para o capítulo 4 do Livro-Texto, que trata dos efeitos térmicos nas máquinas elétricas.

Exercício 1

Calcule a inércia equivalente do sistema da Figura 2.1 referida ao eixo do motor.

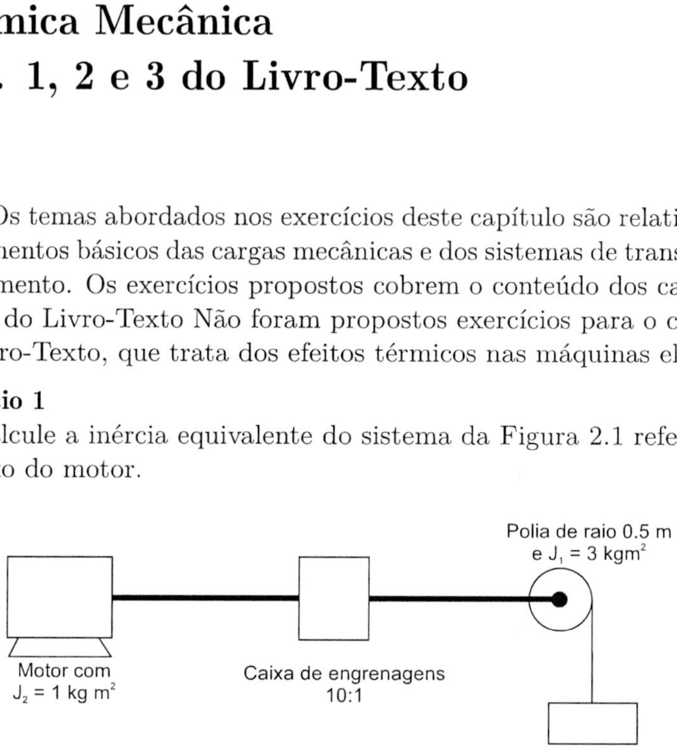

Figura 2.1: Sistema eletromecânico

Exercício 2

Um elevador de massa M_1 trabalha com um contrapeso de massa M_2, como sugere a Figura 2.2. Determine a inércia equivalente do sistema. Escreva a equação dinâmica que rege este movimento, considerando m o torque no eixo de acionamento e a polia de raio R. O momento de inércia da polia e do motor vale J.

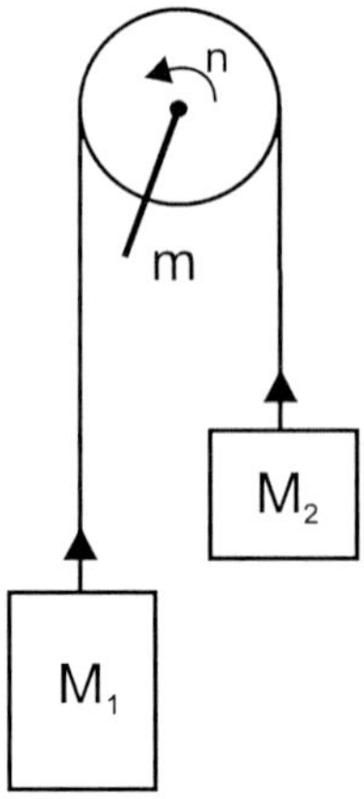

Figura 2.2: Elevador com contrapeso

Exercício 3

No sistema apresentado na Figura 2.3, $N_L/N_m = 2$, $J_L = 10\ kg.m^2$ e $J_m = 2,5\ kg.m^2$. As perdas por atrito podem ser desprezadas. Desenhe a curva de torque em função do tempo, quando acionando uma carga com o perfil de velocidade sugerido no gráfico da direita.

Figura 2.3: Sistema eletromecânico e perfil de velocidade

Exercício 4

Considere o sistema de polia e correia mostrado na Figura 2.4, em que $J_m = 6.10^{-3}\ kg.m^2$, M a massa da carga e $r = 0,1\ m$. As outras inércias podem ser desprezadas. Calcule o torque eletromagnético que o motor deve desenvolver para acelerar a carga de $0,5\ kg$ do repouso a uma velocidade de $1\ m/s$ no intervalo de $3\ s$. Assuma o torque do motor constante neste período.

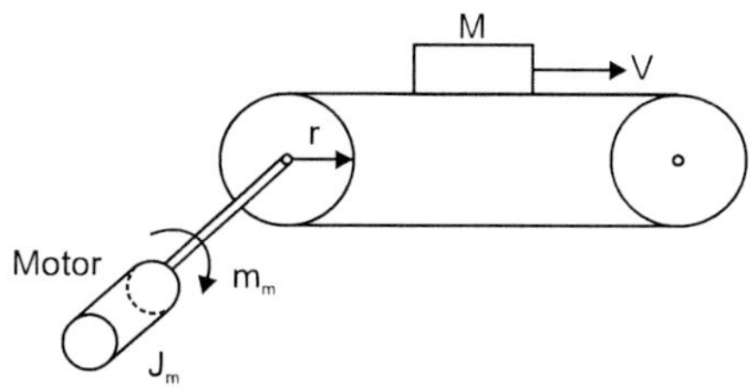

Figura 2.4: Sistema polia correia

Exercício 5

Considere uma carga puramente inercial (J_c) acoplada a um motor, com um momento de inércia J_m, através de uma engrenagem com razão de transmissão $i_T = n_m/n_c$ (Figura 2.5). Demonstre que a razão de transmissão que minimiza o torque do motor, necessário para imprimir uma aceleração de carga constante ($dn_c/dt = constante$), é dada por $i_T = \sqrt{J_c/J_m}$. Ou seja, o motor deve perceber um momento de inércia equivalente a $2J_m$.

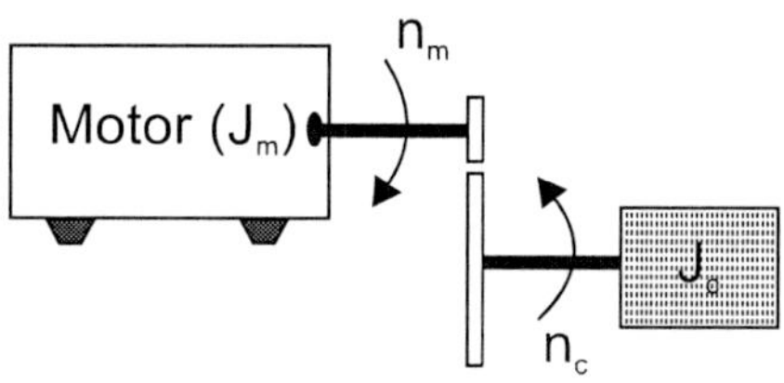

Figura 2.5: Casamento de inércias

Exercício 6

Para o sistema da Figura 2.1, considere a presença de termos de atrito viscoso proporcionais às velocidades lineares e de rotação do motor e da polia. Mostre que o coeficiente de atrito viscoso equivalente obedece a uma transformação similar a do momento de inércia.

Exercício 7

A Figura 2.6 mostra os gráficos torque x velocidade de uma carga mecânica L e de duas curvas de operação de seu acionamento (P e Q). O momento de inércia das partes girantes vale $J = 0,2kgm^2$. Pode-se desconsiderar o atrito do sistema.

a) Os pontos de operação representados por p e q são pontos de operação estáveis? Explique.

b) Admita que o sistema esteja inicialmente operando no ponto p e os ajustes do controle sejam alterados de forma que a curva de operação passe para a condição descrita pela curva Q. Escreva a equação dinâmica que rege esta transição. Trace as curvas de torque x tempo e velocidade x tempo dessa transição.

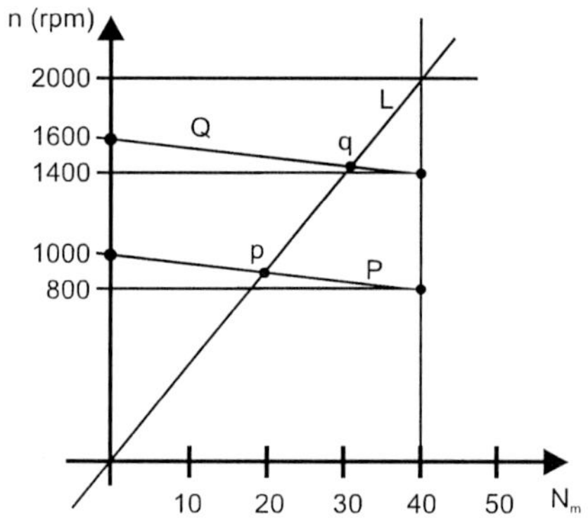

Figura 2.6: Curva de carga (L) e duas curvas de operação do motor (P,Q)

SOLUÇÕES

2.1 Exercício 1

Isolando a carga de 1000 kg do sistema, temos:

$$f - P = M\frac{d^2y}{dt^2}$$
$$f = Mg + M\frac{d^2y}{dt^2}$$

Para a primeira polia (r = 0,5 m), pode-se escrever:

$$m_1 - fr = J_1\frac{dn}{dt}$$
$$v = nr$$
$$m_1 = J_1\frac{dn}{dt} + rMg + r^2M\frac{dn}{dt}$$
$$m_1 = J_1\frac{dn}{dt} + r\left(Mg + M\frac{dv}{dt}\right)$$

$$\boxed{m_1 = (J_1 + Mr^2)\frac{dn}{dt} + Mgr}$$

O torque no eixo de entrada da caixa de engrenagem de relação "i"é:

$$\boxed{m_2 = \frac{(J_1 + Mr^2)}{i^2}\frac{dn_e}{dt} + \frac{Mgr}{i}}$$

O torque resultante no eixo do motor é igual a:

$$m_m = J_2.\frac{dn_e}{dt} + \frac{(J_1 + M.r^2)}{i^2}\frac{dn_e}{dt} + \frac{Mgr}{i}$$

$$\boxed{m_m = \left(J_2 + \frac{(J_1 + Mr^2)}{i^2}\right)\frac{dn_e}{dt} + \frac{Mgr}{i}}$$

A inércia equivalente vista pelo motor é:

$$\boxed{J_m = J_2 + \frac{(J_1 + Mr^2)}{i^2}}$$

Substituindo os valores numéricos:

$$J_m = 1 + \frac{3 + 1000.0,5^2)}{10^2} = 3,53kg.m^2$$

2.2 Exercício 2

$$f_1 - P_1 = -M_1 R \frac{dn}{dt}$$
$$f_1 = M_1 g - M_1 R \frac{dn}{dt}$$

$$f_2 - P_2 = +M_2 R \frac{dn}{dt}$$
$$f_2 = M_2 g + M_2 R \frac{dn}{dt}$$

Como:

$$m - f_2 R + f_1 R = J \frac{dn}{dt}$$
$$m = \left(M_2 g + M_2 R \frac{dn}{dt}\right) R - \left(M_1 g - M_1 R \frac{dn}{dt}\right) R + J \frac{dn}{dt}$$

Equação dinâmica:

$$\boxed{m = \left(M_2 R^2 + M_1 R^2 + J\right) \frac{dn}{dt} + (M_2 g - M_1 g) R}$$

Momento de inércia equivalente:

$$\boxed{J_m = \left(M_2 R^2 + M_1 R^2 + J\right)}$$

Verifica-se, portanto, que o contrapeso diminui o torque de carga em regime permanente, mas aumenta o momento de inércia, acarretando a necessidade de maior torque nos transitórios de velocidade.

2.3 Exercício 3

$$i_T = \frac{N_L}{N_m} = \frac{n_m}{n_L} = 2$$
$$m_m - m_{L1} = J_m \frac{dn_m}{dt}$$
$$m_{L1} = \frac{J_L}{i_T^2} \frac{dn_m}{dt}$$

Em que m_{L1} é o torque de carga visto no eixo do motor.
Logo:

$$m_m = J_e \frac{dn_m}{dt}$$

Em que:

$$J_e = J_m + \frac{J_L}{i_T^2} = 2,5 + \frac{10}{2^2} = 5\ kg.m^2$$

Então

$$m_m = 5 \frac{dn_m}{dt}$$
$$n_m = n_L i_T$$

O torque em função do tempo será portanto (Figura 2.7):

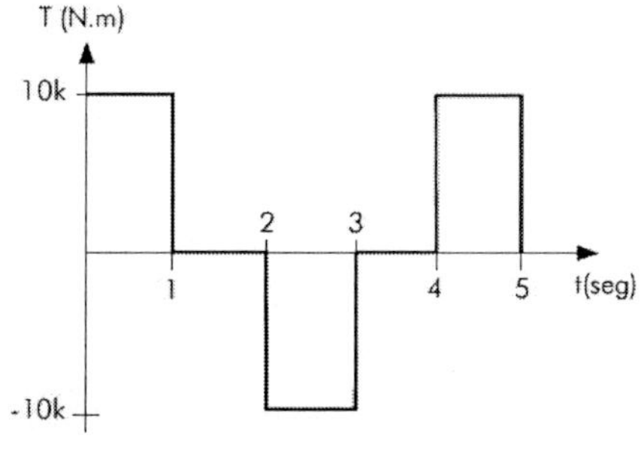

Figura 2.7: Torque solicitado

2.4 Exercício 4

$$J_m = 6.10^{-3}\ kg.m^2$$
$$r = 0,1\ m$$

Isolando a massa deslocada:

$$f = Ma = M\frac{dv}{dt} = Mr\frac{dn}{dt}$$

Isolando a polia:

$$\frac{dv}{dt} = \frac{1}{3}\ m/s^2$$
$$v = nr$$
$$m_c = fr = Mr^2\frac{dn}{dt}$$

Escrevendo a equação dinâmica:

$$m_m - m_c = J_m\frac{dn}{dt}$$
$$m_m = m_c + J_m\frac{dn}{dt} = (Mr^2 + J_m)\frac{dn}{dt}$$

Substituindo os valores numéricos:

$$m_m = 0,037Nm$$

2.5 Exercício 5

A equação que rege o movimento é dada por:

$$m_m = \left(J_m + \frac{J_c}{i_T^2}\right)\frac{dn_m}{dt}$$

$$i_T = \frac{r_s}{r_e} = \frac{n_e}{n_s} = \frac{n_m}{n_c}$$

$$m_m = \left(J_m + \frac{J_c}{i_T^2}\right).i_T.\frac{dn_c}{dt} = \left(J_m.i_T + \frac{J_c}{i_T}\right)\frac{dn_c}{dt}$$

Observe que $\frac{dn_c}{dt}$ deve ser considerado constante. Já $\frac{dn_m}{dt}$ depende de i_T e não pode ser tomado como constante na solução deste exercício.

$$\frac{dm_m}{di_T} = 0 \rightarrow J_m - \frac{J_c}{i_T^2} = 0 \rightarrow i_T = \sqrt{\frac{J_c}{J_m}}$$

$$\boxed{J_{eq} = J_m + \frac{J_c}{i_T^2} = 2.J_m}$$

2.6 Exercício 6

Isolando a massa do restante do sistema, passa a valer:

$$f - Mg = M\frac{dv_y}{dt} + B_y v_y$$

em que B_y é o coeficiente de atrito viscoso do deslocamento linear.

Para a polia passa a valer:

$$m_1 - fr = J_1\frac{dn_c}{dt} + B_c n_c$$

em que B_c é o coeficiente de atrito viscoso de rotação da polia.

Para o motor passa a valer:

$$m_2 - \frac{m_1}{i_T} = J_2\frac{dn_e}{dt} + B_m n_e$$

em que B_m é o coeficiente de atrito viscoso de rotação do motor e i_T é o coeficiente de transmissão mecânica dado por $\frac{n_e}{n_c}$.

Sabendo que $v_y = rn_c$, realizasse as devidas substituições nas três equações obtendo:

$$m_2 - \frac{Mgr}{i_T} = \left(\frac{Mr^2 + J_1}{i_T^2} + J_2\right)\frac{dn_e}{dt} + \left(\frac{B_y r^2 + B_c}{i_T^2} + B_m\right)n_e$$

Obtêm-se assim as seguintes expressões para o momento de inércia equivalente e o atrito viscoso equivalente:

$$\boxed{J_{eq} = \frac{Mr^2 + J_1}{i_T^2} + J_2} \qquad \boxed{B_{eq} = \frac{B_y r^2 + B_c}{i_T^2} + B_m}$$

Comparando as duas expressões obtidas pode-se concluir que a transformação é a mesma tanto para o atrito viscoso quanto para o momento de inércia.

2.7 Exercício 7

a) Os pontos p e q são estáveis, pois se a velocidade aumentar, o torque da carga será maior que o de operação, e com isto o motor irá frear. Caso a velocidade diminua, o torque da carga será menor do que o de operação, acelerando o rotor. Com isso, o sistema volta a operar nos pontos p e q. Este comportamento estável pode ser verificado também porque, como analisado na Seção 2.4 do L.T:

$$\frac{dL}{dn} > \frac{dQ}{dn} \text{ e } \frac{dL}{dn} > \frac{dP}{dn}$$

b) O comportamento dinâmico do sistema é descrito por:

$$m_Q - m_L = J\frac{d\omega}{dt}$$

A partir da reta de carga(L), temos que:

$$n_L = 50.m_L \rightarrow m_L = \frac{n_L}{50}$$

Considerando que $n \simeq 10.\omega$ (n em rpm e ω em rad/s) então:

$$\boxed{m_L = \frac{\omega}{5}}$$

A partir da reta de operação Q, temos: $n_Q = -5.m_Q + 1600$

Rearranjando os termos e considerando que $n \simeq 10.\omega$, a equação da reta Q em função de ω é:

$$\boxed{m_Q = -2.\,\omega + 320}$$

Então,

$$m_Q - m_L = -2.\omega + 320 - 0,2.\omega = 0,2.\frac{d\omega}{dt}$$

logo,

$$\frac{d\omega}{dt} + 11.\omega - 1600 = 0$$

Solução da equação homogênea:

$\omega_h = K.e^{-11.t}$

$\omega_0 = 95\, rad/s$ (equivalente ao ponto "p" da Figura 2.6)

Solução particular:

$$11.A = 1600$$
$$A = 145,45 rad/s$$

Solução completa:

$$\omega = 145,45 + K.e^{-11.t}$$
$$\omega_0 = 95 = 145,45 + K \rightarrow k = -50,45$$

$$\boxed{\omega = 145,45 - 50.e^{-11t}}$$

Os resultados encontram-se apresentados na forma de gráfico na Figura 2.8. Quando a velocidade atinge seu valor final, o torque do motor é igual ao torque de carga.

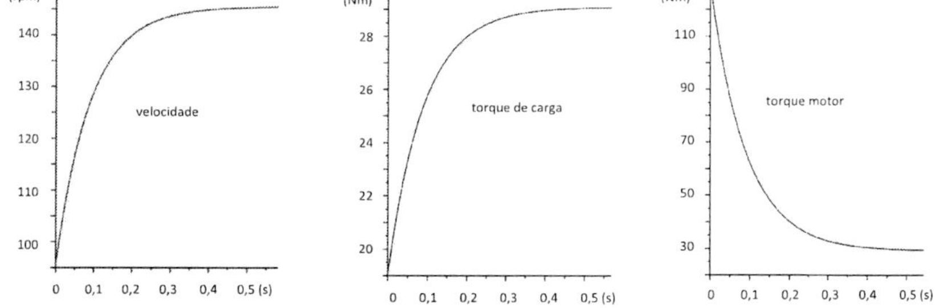

Figura 2.8: Curvas de resposta no tempo: velocidade, torque de carga e torque motor, respectivamente.

Capítulo 3

Máquina CC - Excitação Independente Cap. 5 do Livro-Texto

Neste capítulo, são propostos exercícios que cobrem o conteúdo do capítulo 5 do Livro-Texto, referente ao modelo matemático que descreve a máquina de corrente contínua de excitação independente. Além disso, são propostos exercícios sobre fundamentos básicos de controle e diagramas de bloco de sistemas eletromecânicos, conhecimentos que são parte fundamental para o correto entendimento dos capítulos posteriores. Não foram propostos exercícios para o capítulo 6 do Livro-Texto, que trata de um caso particular de máquina CC, o motor série (também chamado de motor universal).

Exercício 1

Sabe-se que o enfraquecimento de campo de um motor CC de excitação independente permite a operação em velocidades superiores à velocidade nominal acompanhada de uma perda na capacidade de torque. Mostre que existe um valor de fluxo (ϕ_m) a partir do qual o enfraquecimento de campo não implica em um aumento de velocidade.

Exercício 2

Calcule a potência fornecida e a corrente de armadura, para a condição de ϕ_m encontrada no exercício anterior.

Exercício 3

As perdas de natureza elétrica nos motores são separadas em perdas no ferro e perdas no cobre. Entende-se por perdas no ferro as oriundas de correntes parasitas e de laços de histerese. As perdas no cobre são as resultantes do efeito Joule nos condutores de corrente. Controlando os valores de campo (ϕ) e corrente (i) de

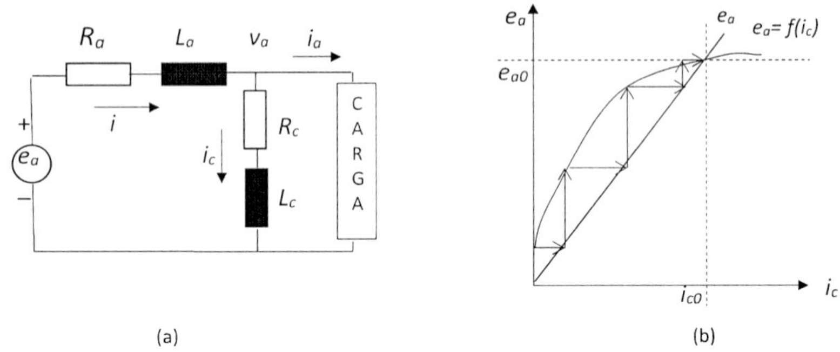

Figura 3.1: Gerador de campo paralelo. (a) Modelo (b) Curva de magnetização

alimentação, um motor elétrico pode operar de forma a fornecer o torque necessário com minimização das perdas elétricas. Esse exercício objetiva entender essa condição de operação. Considere o torque de um motor CC dado por:
$m = k_m \phi i$.
As perdas no ferro aproximadas por: $P_f = k_f \phi^2$,
e as perdas no cobre por: $P_c = k_c i^2$.
Demonstre que para um determinado torque de carga m_0, a relação ϕ/i, que minimiza as perdas, vale $\sqrt{k_c/k_f}$.

Exercício 4

Para um Motor, a curva "torque x velocidade" faz o papel da impressão digital do equipamento. Já para um Gerador, a curva "tensão x corrente" fornece a característica marcante.

O Gerador CC de campo paralelo ("shunt") possui um comportamento curioso, que será explorado neste exercício. A Figura 3.1(a) esquematiza esta máquina.

Sabe-se que a força contra eletromotriz (e_a), para uma velocidade de rotação (n) constante, é proporcional ao fluxo magnético. Este, por sua vez, depende da corrente de excitação ou corrente de campo, aqui representada por i_c.

O relacionamento entre e_a e i_c é uma função não linear por conta da saturação dos materiais ferromagnéticos; $e_a = f(i_c)$ na Figura 3.1(b). Graças a este comportamento não linear e a um pequeno valor de magnetismo residual, presente normalmente nos Geradores CC, a excitação fornecida por um campo alimentado pela própria tensão gerada (autoexcitação) é possível. Para um gerador sem carga, atinge o ponto de operação (i_{c0}, e_{a0}), indicado na Figura 3.1(b), pela escolha conveniente da resistência de campo (R_c). Valores elevados de R_c reduzem e_{a0}. Existe um valor de resistência (resistência crítica) para o qual a autoexcitação, conhecida também como escorvamento, não ocorre.

Além desta peculiar característica de escorvamento, a curva da tensão terminal (v_a) em função da corrente terminal (i_a), dos Geradores CC de campo paralelo, surpreende pelo fato de não ser uma função. Ou seja, para um mesmo valor de i_a podem existir dois valores distintos de v_a.

Para comprovar este fato, considere uma situação de regime permanente e velocidade de rotação constante. Assim, na Figura 1, basta levar em conta as resistências, com os seguintes valores: $R_a = 0,1\Omega$ e $R_c = 100\Omega$.

Considere ainda $e_a = 100\sqrt{i_c}$ V.

Esta artificial expressão analítica para a força contra eletromotriz permite a solução do problema sem a necessidade de métodos numéricos ou gráficos para tratar da relação não linear $e_a = f(i_c)$.

a) Escreva a Equação que relaciona v_a e i_a da Figura 1.
b) Determine o valor de v_a para $i_a = 0$.
c) Mostre que existe um valor de i_a máximo. Determine v_a nesta condição de corrente máxima.
d) Calcule os dois valores de v_a que satisfazem a condição de $i_a = 200$ A.
e) A partir dos valores dos itens anteriores, esboce o gráfico de $v_a x i_a$.
f) Proponha um procedimento para obter esta curva experimentalmente.

Exercício 5

O critério proposto por Kessler e conhecido como Magnitude Ótima permite determinar os parâmetros de um Regulador PI para um sistema de acionamento eletromecânico a partir do conhecimento de duas constantes de tempo e do ganho do sistema K_s. A menor constante de tempo é representada por τ e a outra, normalmente uma ordem de grandeza maior, por T, como sugerido na Figura 3.2.

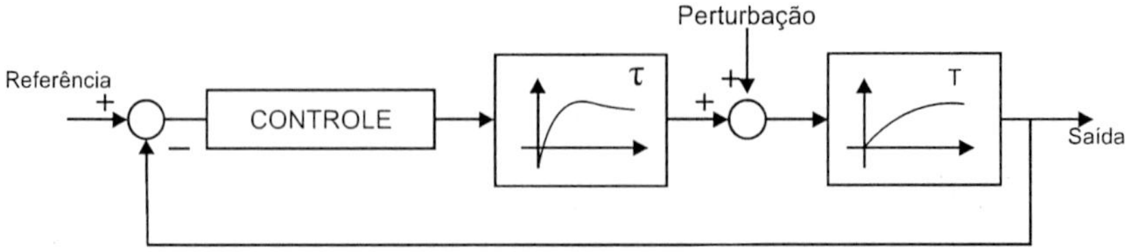

Figura 3.2: Diagrama de blocos típico de um acionamento eletromecânico $\tau << T$

O critério leva ao regulador PI com ganho $K = [T/(2.K_s.\tau)]$ e tempo integral $T_I = T$.

a) Mostre que os polos do sistema realimentado são complexos conjugados e possuem parte imaginária igual à parte real. Ou seja, em uma representação polar, os ângulos são de $\pm 45^0$.

b) Por que esse ajuste fornece um bom desempenho da resposta a variações de referência, com um sobrepasso menor que 5% na resposta ao degrau?

c) Por que o desempenho para variações do sinal de perturbação não é tão bom assim, fato esse que levou Kessler a propor um outro critério, conhecido como Simétrico Ótimo, para essa situação? Apresente sua explicação em termos da localização de Polos e Zeros do sistema à malha fechada.

Exercício 6

A dinâmica de um sistema eletromecânico pode ser aproximada por dois sistemas de primeira ordem em série:

- O primeiro, com constante de tempo de 30 ms e ganho 2;
- O segundo, com constante de tempo 500 ms e ganho unitário.

O sinal de entrada pode ser considerado como a tensão de alimentação de um motor e, a saída, a velocidade de rotação. Entre estes blocos, atua uma perturbação de torque de carga, como no diagrama mostrado na Figura 3.2.

Com base nos critérios de Magnitude Ótima e Simétrico Ótimo, propostos por Kessler e resumidos na Tabela 3.1, projete dois sistemas de controle de velocidade em malha fechada. O primeiro deve rejeitar rapidamente as perturbações do torque de carga e o segundo deve acompanhar rapidamente os sinais de referência da velocidade.

Para cada um destes casos:

- Apresente uma simulação do comportamento do sistema de controle em malha fechada para as variações em degrau unitário;
- Determine a posição dos polos do sistema realimentado e os valores de amortecimento (ξ).

Tabela 3.1: Ajuste dos parâmetros de um regulador PI pelos critérios de Kessler
$G(s) = K\left[1 + \frac{1}{T_I s}\right]$

	K	T_I
Magnitude Ótima	$T/(2K_s\tau)$	T
Simétrico Ótimo	$T/(2K_s\tau)$	4τ

K_s - ganho à malha aberta, T - maior constante de tempo, τ - menor constante de tempo

SOLUÇÕES

3.1 Exercício 1

Na situação de regime permanente, tem-se:

$$m = k\phi i_a$$
$$e_a = k\phi n$$
$$v_a = R_a i_a + e_a$$

Para atender a determinado valor de torque m_1, menor do que o torque nominal, pode-se trabalhar com um campo enfraquecido e tensão nominal, $v_a = v_{aN}$.

Das equações acima, chega-se a:

$$n = \frac{v_{aN}}{k\phi} - \frac{R_a m_1}{(k\phi)^2}$$

Esta relação apresenta um valor máximo obtido de:

$$\frac{dn}{d\phi} = 0 \rightarrow \phi_m = \frac{2R_a m_1}{k v_{aN}}$$

A velocidade, nesse ponto extremo, vale:

$$\boxed{\frac{v_{aN}^2}{4R_a m_1}}$$

Os valores de ϕ menores do que ϕ_m não conduzem a um aumento da velocidade.

3.2 Exercício 2

A potência é dada por:

$$p = m_1 n$$
$$p_m = \frac{v_{aN}^2}{4R_a m_1}.m_1 = \frac{v_{aN}^2}{4R_a}$$

Nota-se que esse valor independe de ϕ.

O valor da corrente nessa situação vale:

$$i_a = \frac{m_1}{k\phi_m} = \frac{v_{aN}}{2R_a}$$

Esse valor pode ser maior que a corrente máxima suportada pelo motor. Assim, o ponto de operação com fluxo mínimo nunca deverá ser atingido.

Este resultado encontra-se apresentado no seguinte gráfico de $n \times m$:

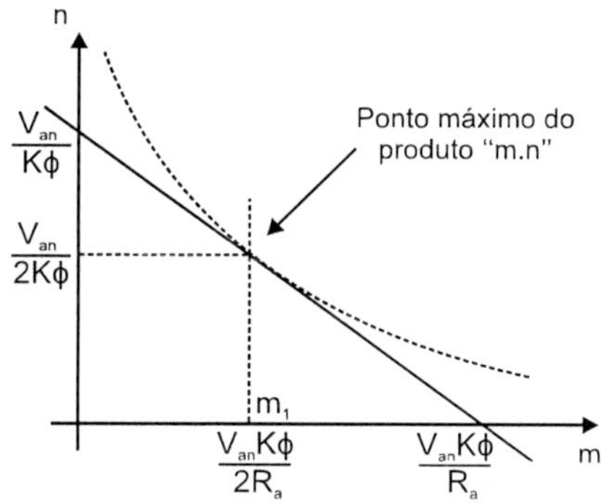

Figura 3.3: Ponto de máxima potência

.3 Exercício 3

Empregando os multiplicadores de Lagrange, vem:

$$J = k_f\phi^2 + k_c i^2 + \lambda(k_m\phi i - m_0)$$
$$\frac{dJ}{d\phi} = 0 \rightarrow 2k_f\phi + \lambda k_m i = 0$$
$$\frac{dJ}{di} = 0 \rightarrow 2k_c i + \lambda k_m \phi = 0$$

Eliminando λ nas equações acima, chega-se a:

$$\boxed{\frac{\phi}{i} = \sqrt{\frac{k_c}{k_f}}}$$

Este exercício mostra que o enfraquecimento de campo também pode ser empregado com o objetivo de diminuição de perdas.

3.4 Exercício 4

a) A partir do modelo oferecido pelo circuito elétrico, vem:

$$e_a - R_a(\frac{v_a}{R_c} + i_a) = v_a$$
$$100\sqrt{v_a} - 10v_a = i_a$$

b) Para $i_a = 0$, $v_a = 0$ ou $v_a = 100$.

c) $\frac{di_a}{dv_a} = 0 \quad \longrightarrow \quad \frac{100}{2\sqrt{v_a}} - 10 = 0$
O que leva a $v_a = 25$ V e $i_a = 250$ A.

d) $i_a = 200 \quad \longrightarrow \quad v_a^2 - 60v_a + 400 = 0$
Cuja solução é dada por $v_a \cong 52$ e $v_a \cong 8$.

e) O gráfico de v_a x i_a pode ser facilmente esboçado a partir dos seguintes pares (i_a, v_a), calculados nos itens anteriores:
(0, 100); (200, 52); (250, 25); (200, 8); (0, 0).

f) Providencie inicialmente uma carga composta por resistores ou lâmpadas. Aumente a carga através da colocação gradativa de resistores em paralelo, anotando os valores de v_a e i_a. A partir de determinado valor de resistência, a corrente, que vinha crescendo, começará a diminuir.

3.5 Exercício 5

a) A escolha de parâmetros do regulador PI pelo critério da Magnitude Ótima leva ao cancelamento da dinâmica mais lenta. A Função de Transferência à malha aberta entre saída e referência, após as devidas simplificações, fica:

$$G_{MA}(s) = \frac{Y(s)}{U(s)} = \frac{1}{2\tau}\frac{1}{s(1+\tau s)}$$

Desta forma, a Função de Transferência à malha fechada entre saída e referência é de segunda ordem e apresenta a forma:

$$\boxed{G_{MF}(s) = \frac{Y(s)}{U(s)} = \frac{1}{2\tau^2 s^2 + 2\tau s + 1}}$$

Esta função de transferência não apresenta zeros e possui os polos posicionados em $\frac{1}{2\tau}(-1 \pm j)$.

b) Da teoria de sistemas de controle, sabe-se que o sobrepasso percentual (também chamado de percentual de ultrapassagem) é dado pela expressão

$$\%UP = e^{-\left(\xi\pi/\sqrt{1-\xi^2}\right)} \times 100\%,$$

em que ξ é o coeficiente de amortecimento do sistema. Este coeficiente é obtido comparando a função de transferência do sistema em malha fechada com a forma geral de um sistema de segunda ordem, dada por:

$$G(s) = \frac{K\omega_n^2}{s^2 + 2\xi\omega_n s + \omega_n^2}$$

Assim, o coeficiente de amortecimento do sistema em questão vale $\xi = \sqrt{2}/2$ e, como consequência, têm-se que o sobrepasso é de 4,33%, que é um valor inferior aos 5% que é estabelecido como ultrapassagem máxima permitida em diversas aplicações de controle.

c) A Função de Transferência entre saída e perturbação (considerando K_s concentrado no bloco de menor constante de tempo), vale, neste caso:

$$H_{MF}(s) = \frac{Y(s)}{P(s)} = \frac{2\tau s(1+\tau s)}{(1+Ts)(2\tau^2 s^2 + 2\tau s + 1)}$$

Verifica-se que o artifício de cancelamento da dinâmica mais lenta na malha aberta não tem efeito tão significativo na relação entre saída e perturbação, quanto no caso entre saída e referência, analisado nos dois itens anteriores. Isso ocorre porque o cancelamento do polo em $-1/T$, fornecido pelo zero do regulador do critério da Magnitude Ótima, não anula completamente a influência da dinâmica dada pela maior constante de tempo (T).

De fato, o posicionamento de um zero próximo de um polo da malha aberta, como é a proposta do método Magnitude Ótima, implica na existência de um pequeno ramo do Lugar das Raízes iniciando nesse polo e terminando no zero, uma vez que o cancelamento nunca é perfeito. A influência do polo da malha fechada, localizado nesse pequeno ramo do Lugar das Raízes (praticamente na posição $-1/T$), se fará marcante se não houver um zero da malha fechada próximo dele. A Função de Transferência dada acima possui dois zeros, posicionados em $(0; -1/\tau)$, que não estão próximos de $-1/T$.

Isso justifica a proposição de outro critério para a escolha dos parâmetros do regulador. Kessler propôs um critério e batizou-o de Simétrico Ótimo.

3.6 Exercício 6

Do enunciado, temos que:

- $K_s = 2$
- $\tau = 0.03$ s
- $T = 0.5$ s

Para a rejeição de perturbações, deve-se empregar o critério do Simétrico Ótimo. Os ganhos do regulador PI resultante são:

$$\boxed{K = 4,2 \quad e \quad T_I = 0,12s}$$

Os polos dominantes do sistema à malha fechada encontram-se em $-10,4 \pm j14,5$. Assim, como os polos do sistema de segunda ordem são dados por $\omega_n(-\xi \pm j\sqrt{1-\xi^2}$, chega-se à conclusão que $\xi = 0,58$.

O resultado da simulação em malha fechada do sistema é apresentado na Figura 3.4, em que um degrau unitário é aplicado na referência no instante t = 0 s e um degrau unitário de perturbação é aplicado no instante t = 1 s. O principal fato a ser observado neste resultado é que efetivamente a perturbação foi rapidamente rejeitada pelo sistema, que é a que se propõe o emprego do Simétrico Ótimo, entretanto isso só é possível ao custo de um rastreamento de referência não tão eficiente. Note que para rastrear o degrau unitário da referência foi necessário quase 0,5 segundos e um sobressinal superior a 30 %.

Para acompanhar os sinais de referência com eficiência, deve-se empregar o critério da Magnitude Ótima, resultando:

$$\boxed{K = 4,2 \quad e \quad T_I = 0,5 segundos}$$

Os polos dominantes do sistema realimentado ficam posicionados em $-16,7 \pm j16,7$. Assim, $\xi = 0,707$.

O resultado da simulação do sistema em malha fechada com o controlador calculado pela Magnitude Ótima é apresentado na Figura 3.5. Assim como no caso anterior, um degrau unitário é aplicado na referência no instante t = 0 s e um degrau unitário de perturbação é aplicado no instante t = 1 s. Neste caso, observa-se que o sinal de referência foi rastreado eficientemente em um tempo inferior a 0,3 segundos e com

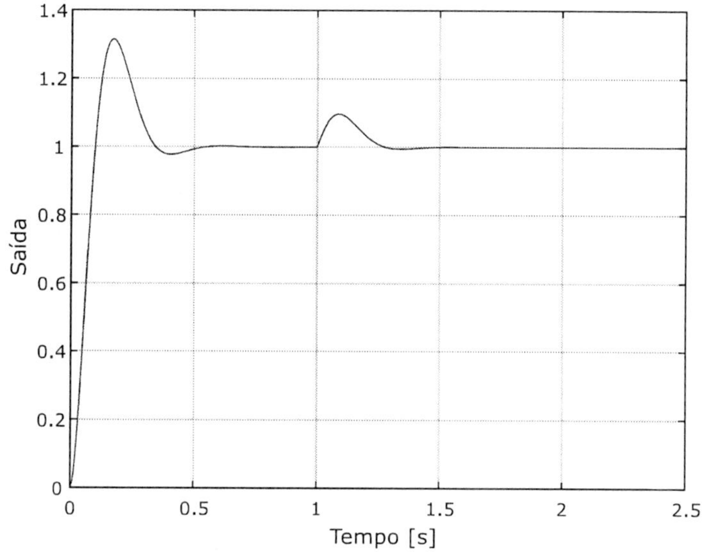

Figura 3.4: Simulação com controlador calculado pelo critério do Simétrico Ótimo

um sobressinal que não ultrapassa 5 %, como se propõe o critério da Magnitude Ótima. Entretanto isso só é possível ao custo de uma rejeição de perturbação não tão eficiente. Note que para rejeitar o degrau unitário de perturbação foi necessário quase 1,5 segundos, um tempo bem superior ao caso em que foi empregado o critério do Simétrico Ótimo.

As simulações podem ser obtidas com o diagrama de blocos Simulink apresentado na Figura 3.6.

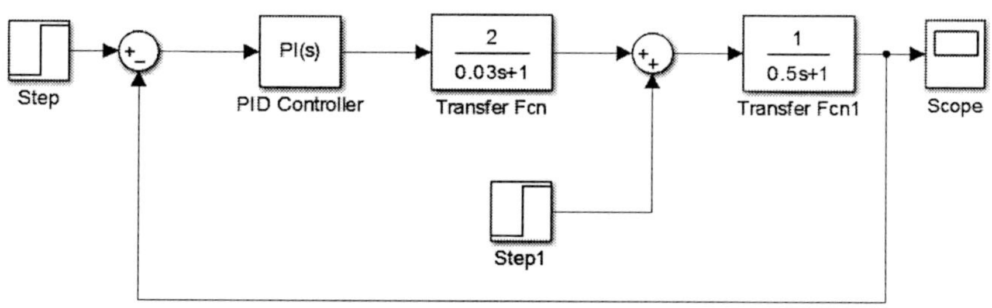

Figura 3.6: Diagrama SIMULINK

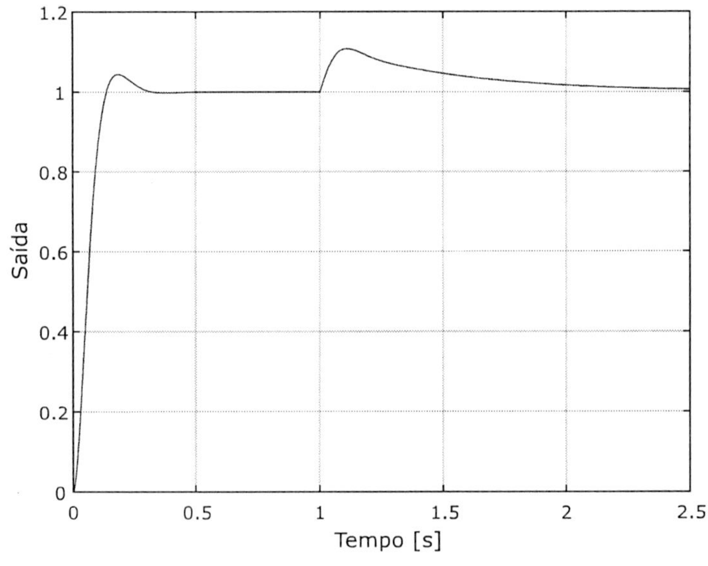

Figura 3.5: Simulação com controlador calculado pelo critério da Magnitude Ótima

Capítulo 4

Controle de Motores CC
Caps. 7, 8, e 9 do Livro-Texto

Os temas abordados nos exercícios deste capítulo são relativos aos esquemas e estratégias de controle de motores CC. Os exercícios propostos cobrem o conteúdo dos capítulos de 7, 8 e 9 do Livro-Texto

Exercício 1

Na virada do século XIX para o século XX, Ward Leonard propôs o famoso método de controle de Motores CC de excitação independente que leva o seu nome. Nesse método, o motor é controlado pela tensão de armadura, sendo a tensão de campo do motor (V_d) mantida no seu valor nominal, só sendo alterada para enfraquecer o campo e permitir a expansão da faixa de operação da máquina no plano Torque x Velocidade (n).

Com a invenção das válvulas de vapor de mercúrio e, mais tarde, dos tiristores, em meados do século XX, foi possível substituir o conjunto Motor de Indução-Gerador CC, do esquema Ward Leonard, por uma ponte retificadora, como ilustra a Figura 4.1. Esse fato pode ser considerado como um marco da revolução da Eletrônica de Potência nos Acionamentos Elétricos.

a) Apresente um problema oriundo dessa substituição no que concerne ao sentido de condução da corrente de armadura do motor CC . Como este problema pode ser resolvido?

b) Entre alguns esquemas existentes, o controle de velocidade do motor CC pode ser feito diretamente com a realimentação apenas do sinal de velocidade ou através de um esquema em cascata com realimentação interna de corrente e externa de velocidade. Desenhe um diagrama de blocos para cada um desses esquemas de

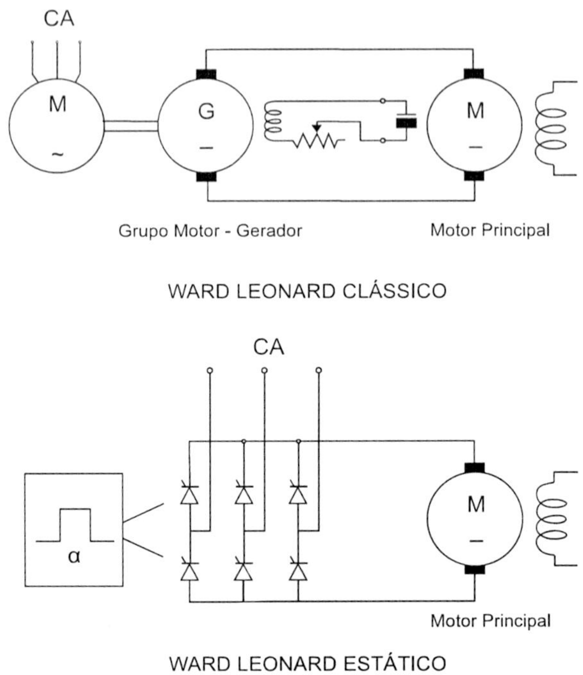

Figura 4.1: Confrontação do sistema Ward Leonard Clássico com o sistema Estático

controle. Indique claramente, no seu diagrama, onde devem entrar os reguladores de velocidade e corrente.

Exercício 2

Considere a malha de controle de corrente de um motor CC alimentado por uma ponte retificadora de onda completa a tiristores. No modo de condução contínua de corrente, a função de transferência relacionando tensão e corrente de armadura fica bem representada por um sistema de primeira ordem com constante de tempo T e ganho β:

$$G_c(s) = \frac{\beta}{1+Ts}$$

Já no modo de condução descontínua de corrente, essa mesma função de transferência se comporta como um simples ganho α, com $\alpha < \beta$:

$$G_d(s) = \alpha$$

Considere ainda o regulador de corrente Proporcional Integral (PI) com tempo integral T_I, escolhido igual a T segundo o critério da Magnitude Ótima, e ganho K_c:

$$C_c(s) = K_c(1 + \frac{1}{T_I s})$$

a) Mostre que a dinâmica da malha de controle de corrente, quando se emprega esse regulador de corrente PI, torna-se significativamente mais lenta no modo de condução descontínua de corrente. Use seus conhecimentos de Lugar das Raízes para provar isso, lembrando-se que $T = T_I$.

b) Se no modo de condução descontínua de corrente, o regulador for alterado para um regulador integral puro (I), de ganho K_d convenientemente escolhido, a dinâmica de controle de corrente permanece idêntica ao do caso de condução contínua de corrente.

$$C_d(s) = \frac{K_d}{s}$$

Determine esse valor de K_d em função de α, β, K_c e T.

c) Sem o emprego do controle adaptativo na malha interna de corrente, a malha externa de controle de velocidade do motor CC, com um regulador PI de velocidade, pode se tornar instável, quando a operação entrar no modo descontínuo de condução de corrente. Demonstre isso com ajuda do Lugar das Raízes.

Exercício 3

As equações que regem a dinâmica de um motor CC foram apresentadas na Seção 5.2 do Livro-Texto

a) Considerando o fluxo de campo constante, apresente estas equações na forma de um diagrama de blocos em que tenha como entrada a tensão de armadura e como saída a velocidade angular de rotação do rotor.

b) Adicione, no seu diagrama, uma malha de controle de corrente, em seguida, uma malha de controle de velocidade e outra de controle de posição, formando uma estrutura em cascata.

Exercício 4

A Figura 4.2 apresenta a resposta da tensão de alimentação e da corrente de armadura de um motor CC, alimentado por um

retificador monofásico de onda completa a partir de uma rede de 50 Hz e para uma variação de ângulo de disparo dos tiristores. A situação (a) corresponde ao modo de condução descontínua e a situação (b) ao modo de condução contínua de corrente.
Admita que:
i) As variações do ângulo ($\Delta\alpha = \alpha_2 - \alpha_1$) apresentadas em ambos os casos foram originadas por uma variação de 1 volt no comando do circuito de disparo.
ii) $I_{d1} = 1,0\,A$; $I_{d2} = 1,3\,A$; $I_{c1} = 2,0\,A$; $I_{c2} = 6,0\,A$;
iii) $t_f = 0,14\,seg$; $t_0 = 0\,seg$.
iv)Dispõe-se de um sensor de corrente com ganho 1 V/A.

a) Estabeleça um modelo linear para o circuito de armadura deste motor com retificador, no modo de condução descontínua de corrente, relacionando o valor médio da variação da corrente de armadura (ΔI_d) e a variação do sinal de comando de disparo ($\Delta\alpha$).
b) Estabeleça um modelo linear para o circuito de armadura deste motor com retificador, no modo de condução contínua de corrente, relacionando o valor médio da variação da corrente de armadura (ΔI_c) e a variação do sinal de comando do ângulo de disparo ($\Delta\alpha$).
c) Projete um regulador de corrente pelo método da Magnitude Ótima e na situação de condução contínua de corrente. Aproxime a dinâmica do retificador por um circuito de primeira ordem de constante de tempo 5 ms. Note que o ganho já foi estabelecido no item “b”.
d) Projete um regulador que forneça o mesmo desempenho do sistema à malha fechada mesmo na operação em modo de condução descontínua de corrente, conhecido como controle adaptativo de corrente programado. O retificador continua representado por um circuito de primeira ordem com constante de tempo 5 ms, porém com o ganho estabelecido no item "a".

Exercício 5

Considere um motor CC com as seguintes características:

- Tensão nominal: 100 V
- Corrente nominal: 1 A
- Velocidade nominal: 1000 rpm
- (J) Momento de inércia do motor: 0.27 kg.m^2
- (b) Constante de atrito viscoso do motor: 0.0006 N.m.s/rad
- (K_e) Constante de força eletromotriz: 1 V.s/rad
- (K_t) Constante de torque do motor: 1 N.m/A

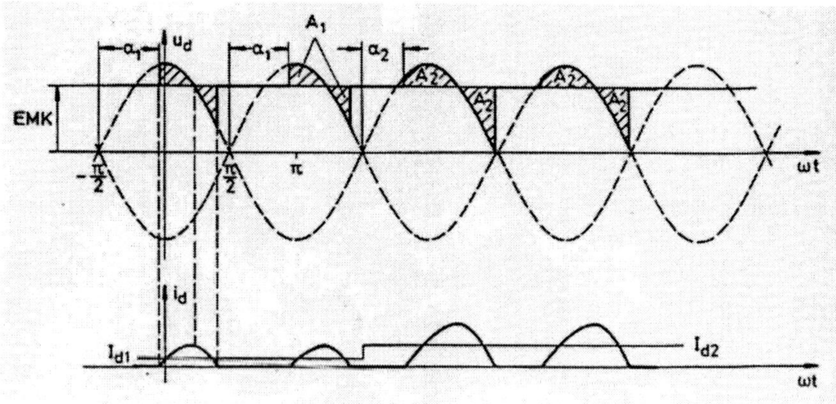

(a)

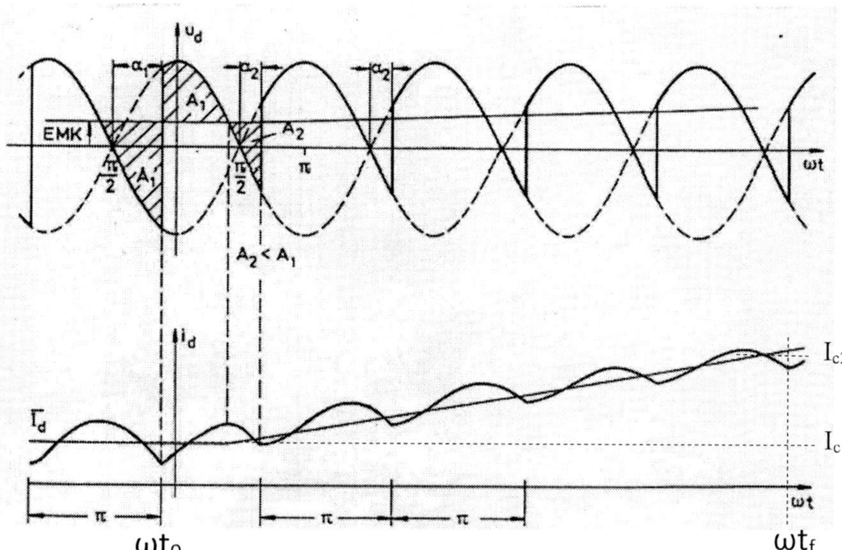

(b)

Figura 4.2: Resposta dinâmica para uma variação no ângulo de disparo dos tiristores

- (R_a) Resistência da armadura: 1 Ω
- (L_a) Indutância da armadura: 0.1 H

Projete um controlador PI para a malha interna (de corrente) e um controlador a partir de algum dos métodos de Kessler (Magnitude Ótima ou Simétrico Ótimo) para a malha externa (de velocidade), afim de alcançar velocidade constante do motor CC com tempo de assentamento inferior a dois segundos, sobrepasso menor que cinco por cento e erro de regime permanente nulo.

SOLUÇÕES

4.1 Exercício 1

a) A ponte retificadora só permite a condução de corrente em um sentido. Caso seja necessária a condução de corrente nos dois sentidos, por exemplo, para frenagem ou reversão do sentido de rotação do motor, pode-se empregar outra ponte retificadora em antiparalelo ou ainda, uma comutação mecânica dos terminais do motor. Outra solução mais cara seria o emprego de um retificador com corrente continuamente circulante.

b) As soluções são apresentadas nas Figuras 4.3 e 4.4.

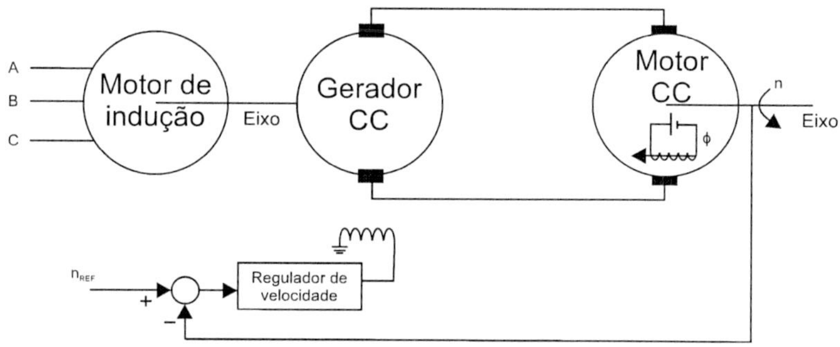

Figura 4.3: Controle de velocidade de motor CC baseado no esquema Ward Leonard

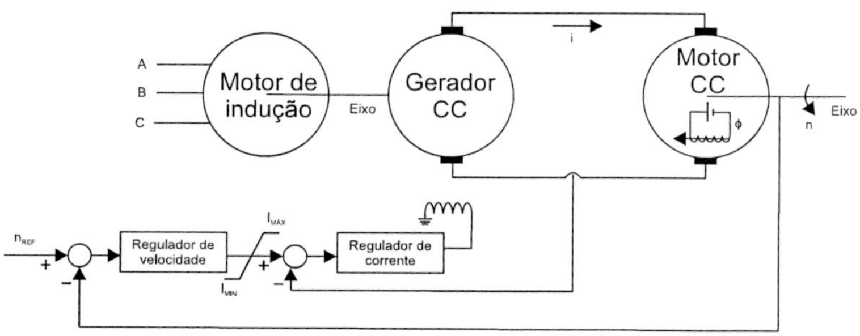

Figura 4.4: Controle em cascata para motor CC baseado no esquema Ward Leonard

4.2 Exercício 2

a) A dinâmica do retificador que alimenta a armadura do motor CC será modelada como um sistema de primeira ordem com constante de tempo $\tau << T$. Como exemplo, para um retificador trifásico de onda completa, em uma rede de 60 Hz, esse valor de τ é da ordem de (Buxbaum e Schierau, 1980)

$$\tau = \frac{1}{60.6.2} = 1.4ms,$$

enquanto a constante de tempo do sistema eletromecânico é da ordem de dezenas ou centenas de milissegundos.

Assim, a constelação de polos e zeros do sistema no modo de condução contínuo de corrente é dada por:

POLOS: $-1/T, -1/\tau, origem$

ZEROS: $-1/T$

Portanto, o Lugar das Raízes fica:

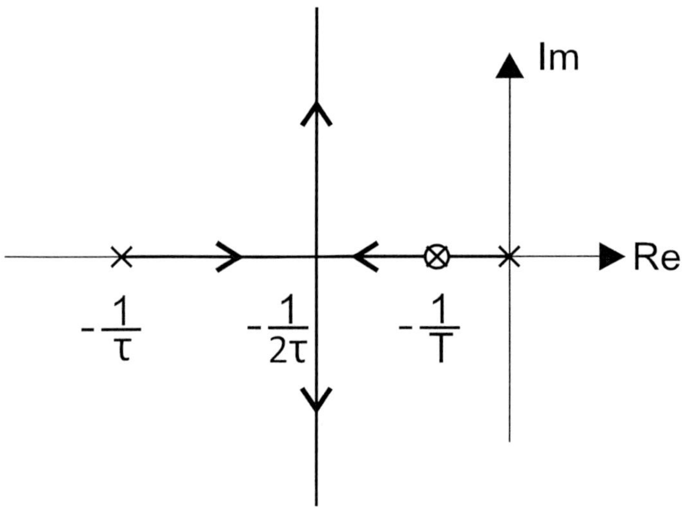

Figura 4.5: Posição dos polos do sistema realimentado no modo de condução contínua

No modo de condução descontínuo, a constelação de polos e zeros fica:

POLOS: $-1/\tau; origem$
ZEROS: $-1/T$
Portanto, o Lugar das Raízes fica:

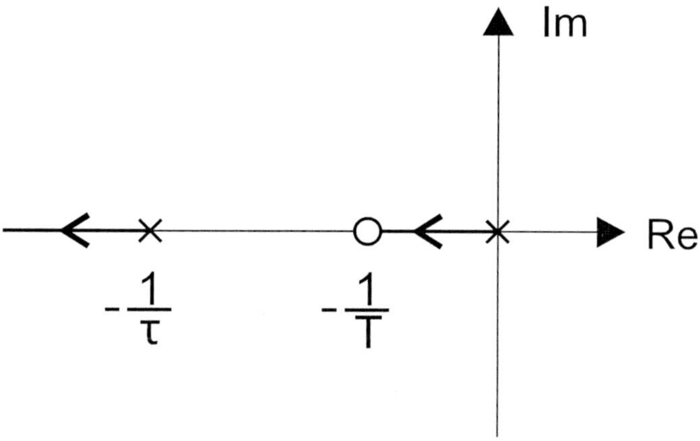

Figura 4.6: Polos do sistema realimentado no modo de condução descontínua

Verifica-se a presença de um polo entre a origem e a posição $-1/T$, o que retrata uma dinâmica lenta.

b) A Função de Transferência à malha aberta no modo de condução contínuo de corrente é:

$$G_{MAc} = K_c(1+\frac{1}{Ts})\frac{\beta}{1+Ts}\frac{1}{1+\tau s} = \frac{K_c\beta}{Ts(1+\tau s)}$$

A Função de Transferência à malha aberta no modo de condução descontínuo de corrente é:

$$G_{MAd} = (\frac{K_d}{s})\alpha\frac{1}{1+\tau s}$$

As duas Funções de Transferência são iguais se K_d for convenientemente escolhido como:

$$\boxed{K_d = \frac{K_c\beta}{T\alpha}}$$

c) A constelação de polos e zeros do controle de velocidade conta com um polo na origem e um zero na sua proximidade, oriundos do regulador PI de velocidade; um segundo polo na origem, retratando a dinâmica mecânica; e, finalmente, um polo representativo da malha de controle de corrente. Como visto no item (a), este último polo retrata uma dinâmica rápida no modo de condução contínuo de corrente e lenta no modo de condução descontínuo de corrente. Isso leva aos diagramas de L.R. a seguir:

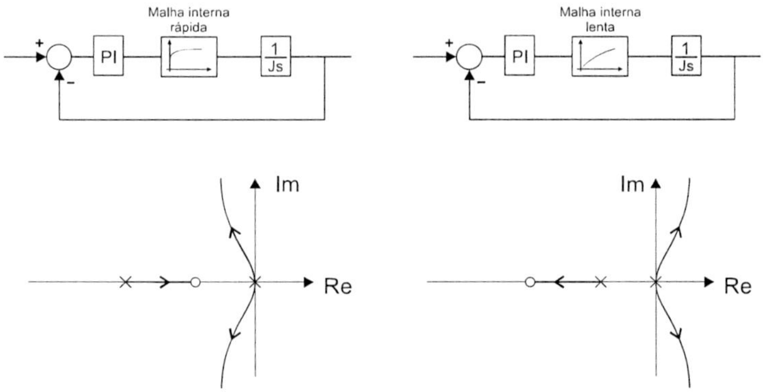

Figura 4.7: Lugar das Raízes com a inclusão da malha de controle de velocidade

4.3 Exercício 3

a) A solução encontra-se na Figura 4.8.

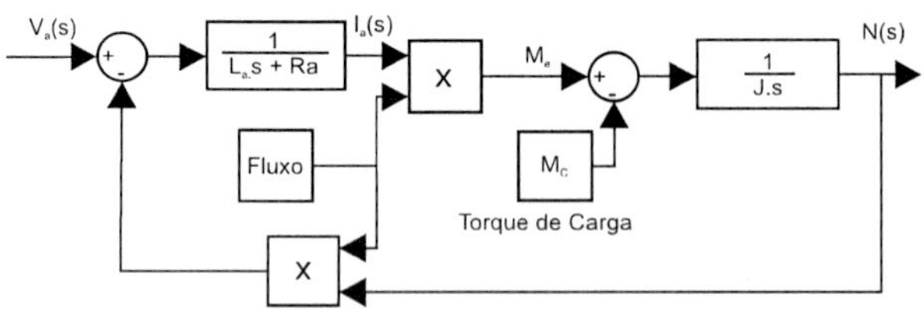

Figura 4.8: Diagrama de bloco - Motor CC

b) A solução encontra-se na Figura 4.9.

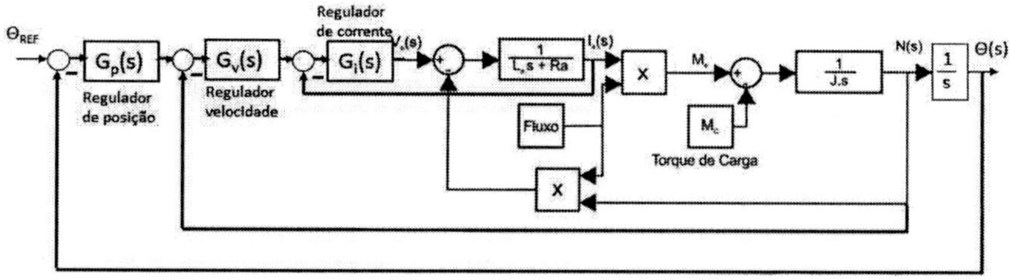

Figura 4.9: Controle em cascata - Motor CC

4.4 Exercício 4

a)

$$\frac{\Delta I}{\Delta \alpha} = \frac{0,3}{1}$$

b)

$$\frac{\Delta I}{\Delta \alpha} = \frac{4}{1}$$

$$\omega = 2\pi 50 = 314$$

$$t_f - t_o = 0,14s \rightarrow 4,6T = 0,14 \rightarrow T = 0,03\text{s} = 30\text{ms}$$

$$\frac{\Delta I(s)}{\Delta \alpha(s)} = \frac{4}{1 + 0,03s}$$

c)

$$\tau = 0,005$$

$$T_I = 0,03$$

$$K = \frac{T}{2K_s\tau} = \frac{0.03}{2.4.0,005} = 0,75$$

$$G_{Rc}(s) = 0,75(1 + \frac{1}{0,03s})$$

d) O regulador que fornece o mesmo desempenho será um simples integrador.

$$\frac{K_d}{s}0,3 = 0,75(1 + \frac{1}{0,03s})\frac{4}{1+0,03s}$$

$$K_d = \frac{1}{0,3}0,75\frac{1}{0,03}4 = 333$$

$$G_{Rd}(s) = \frac{333}{s}$$

4.5 Exercício 5

Iniciando o projeto pela malha de controle de corrente, deve-se considerar a planta como um circuito de primeira ordem simples (considerando que o motor CC encontra-se com o rotor bloqueado e não há força eletromotriz induzida). Neste cenário, o sistema com o regulador de corrente se reduz ao digrama de blocos da Figura 4.10.

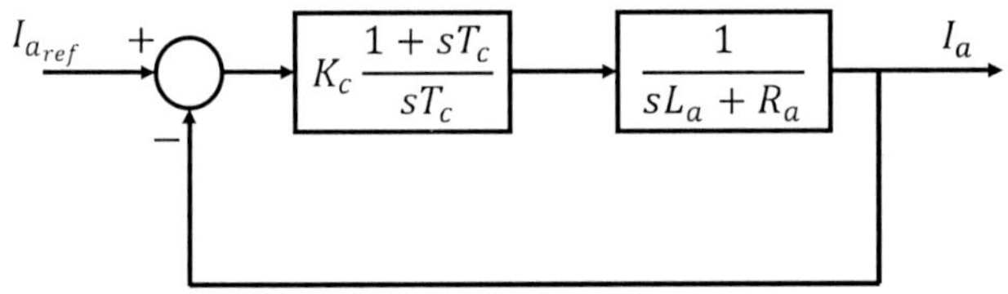

Figura 4.10: Malha interna de controle de corrente

Para realizar o projeto do regulador, pode-se usar qualquer metodologia de projeto de sistemas de controle que seja compatível com este sistema apresentado. Nesta solução aqui apresentada, utiliza-se Lugar das Raízes.

A constelação de polos e zeros do sistema é dada por:

POLOS: $-\frac{L_a}{R_a}$, *origem*

ZEROS: $-\frac{1}{T_c}$

Considerando que o valor de T_c foi escolhido como $\frac{2R_a}{L_a}$ (para que o zero fique o dobro da distância para a origem do polo original do sistema), então o diagrama de Lugar das Raízes fica conforme na Figura 4.11.

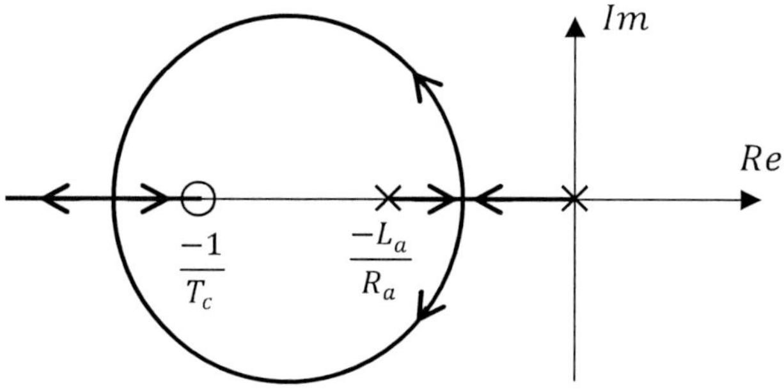

Figura 4.11: Lugar das raízes

Opta-se por posicionar os polos do sistema em malha fechada na posição em que há polos duplos à esquerda de $-\frac{1}{T_c}$, pois neste ponto o sistema encontra-se criticamente amortecido e apresenta tempo de transiente mais rápido. Para isso, basta verificar o denominador do sistema em malha fechada, que é dado por:

$$den(s) = sT_c(sL_a + R) + K_c(1 + sT_c)$$

As raízes de $den(s)$ são os polos do sistema, isto é, o sistema apresenta raízes duplas quando o discriminante da equação de segundo grau

$$s^2T_cL_a + s(T_cR + K_cT_c) + K_c = 0$$

é igual a zero. Assim, faz-se:

$$\Delta = (K_cT_c + R_aT_c)^2 - 4K_cL_aT_c = 0$$

Desta expressão, então, conclui-se:

$$K_c = \frac{2\sqrt{L_a^2 - L_aR_aT_c} + 2L - RT_c}{T_c}$$

Portanto, a partir dos dados do motor CC fornecidos no enunciado, o projeto resulta nas contantes $T_c = 0.05$ e $K_c = 5.83$. Além disso, o sistema controlado (já em malha fechada) pode ser aproximado por um sistema de primeira ordem cujo a constante de tempo é $\frac{1}{p}$, em que p é a posição do polo duplo do sistema criticamente amortecido, isto é, $den(p) = 0$. Assim, a constante de tempo equivalente é de $\tau = 0.03$

Em seguida, para projetar o regulador de velocidade da malha externa, utiliza-se o critério do Simétrico Ótimo de Kessler. Para isso, considera-se como sistema mais lento a parte mecânica, que apresenta constante de tempo $T = \frac{J}{b} = 450$, e como sistema mais rápido a malha interna de controle que foi aproximada pela constante de tempo $\tau = 0.03$.

Assim, obtém-se como modelo do regulador de velocidade um controlador PI da forma

$$K_v \frac{1 + sT_v}{sT_v},$$

em que $K_v = 0.483$ e $T_v = 0.117$

Capítulo 5

Modelo de Máquinas CA
Cap. 10 do Livro-Texto

Os exercícios deste capítulo tratam do modelo genérico de máquinas CA apresentado no capítulo 10 do Livro-Texto A compreensão deste modelo e, principalmente, do conceito de vetor espacial são de suma importância para o entendimento dos esquemas de controle a serem apresentados nos capítulos posteriores.

Exercício 1

O vetor tensão de alimentação do estator é definido na Equação 10.34 do Livro-Texto como:

$$\underline{u}_S(t) = u_{S1}(t) + u_{S2}(t)e^{j\frac{2\pi}{3}} + u_{S3}(t)e^{j\frac{4\pi}{3}}$$

a) Mostre que para o caso de uma alimentação senoidal e equilibrada, este vetor descreve um círculo no plano complexo.

b) Desprezando as resistências de estator, como se comporta o vetor fluxo do estator neste caso descrito acima?

c) O que ocorre com a trajetória do vetor tensão se uma componente de terceiro harmônico, de amplitude $\frac{1}{3}$ da fundamental, for acrescida em cada uma das fases?

d) E se for adicionada uma componente de quinto harmônico de amplitude $\frac{1}{5}$ da fundamental?

Exercício 2

Mostre que as correntes de fase podem ser obtidas, de forma única, a partir do conhecimento do vetor de corrente $\underline{i}_S$ e considerando $\sum_{k=1}^{3} i_{Sk} = 0$. Mostre ainda que esta determinação das correntes de fase i_{S1}, i_{S2} e i_{S3} corresponde à realizar uma projeção com ganho 2/3 do vetor $\underline{i}_S$ sobre as direções e^{j0}, $e^{j\frac{2\pi}{3}}$ e $e^{j\frac{4\pi}{3}}$, respectivamente.

Exercício 3

Mostre que a equação do torque instantâneo, apresentada na Equação 10.48 do Livro-Texto, é idêntica a

$$m_M = \frac{2}{3} L_0 \left| \underline{i}_R e^{j\epsilon} \times \underline{i}_S \right|,$$

em que L_0 é a indutância mútua entre rotor e estator.

Exercício 4

Mostre que os 3 circuitos apresentados na Fig. 10.7 do Livro-Texto apresentam a mesma impedância por fase $Z_S = \dfrac{U_S}{I_S}$ vista dos terminais do estator e, portanto, são todos representações equivalentes do motor de indução.

Exercício 5

Considere um sistema elétrico com 5 fases (pentafásico). Similarmente ao que foi feito no sistema trifásico, define-se o vetor espacial $\underline{u}(t)$ por:

$$\underline{u}(t) = \sum_{k=1}^{5} u_k(t) e^{j(k-1)2\pi/5}$$

Supondo que este sistema seja composto por 5 tensões senoidais, de mesma amplitude V, de mesma frequência ω e defasadas igualmente entre si de $2\pi/5$ rad:

a) Demonstre que $\underline{u}(t)$ é um vetor girante de amplitude $2.5V$ e velocidade angular ω.

b) Mostre que o conhecimento deste vetor girante (em amplitude, velocidade e posição) permite determinar a expressão das cinco tensões senoidais $u_k(t)$.

c) Explique o que ocorre com $\underline{u}(t)$ se for perdida uma fase, por exemplo, $u_5(t) = 0$?

Exercício 6

A Figura 5.1 ilustra uma máquina elétrica monofásica. A bobina s de estator tem terminais indicados como s_1 e s_2, e N_s espiras. A bobina r de rotor tem terminais indicados como r_1 e r_2, e N_r espiras.

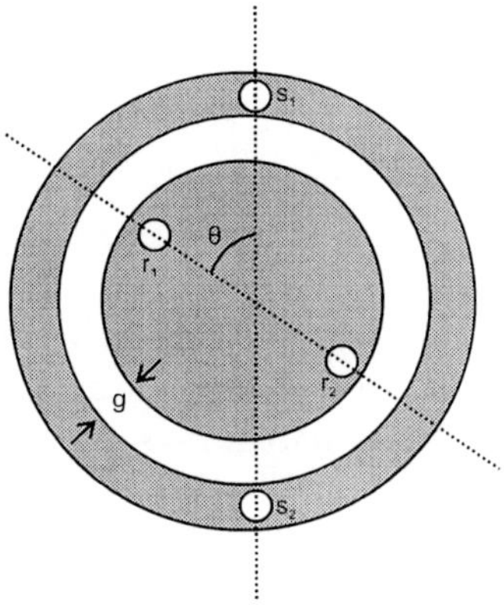

Figura 5.1: Máquina monofásica

Considere ainda:
$i_s = I_s sen(\omega_s.t)$
$i_r = I_r sen(\omega_r.t + \alpha)$
$\omega_m = d\theta/dt$, a velocidade de rotação do rotor
R o raio do rotor e l o seu comprimento
g a distância do entreferro ($g << R$).

a) Esboce o gráfico da indutância própria do estator (L_s) em função da posição do rotor θ.
b) Determine este valor em função de N_s, R, l, g, μ_{ar}. Considere $\mu_{Fe} >> \mu_{ar}$.
c) Esboce o gráfico da indutância própria do rotor (L_r) em função da posição do rotor θ.
d) Determine este valor em função de $N_r, R, l, g, \mu_a r$. Considere $\mu_{Fe} >> \mu_{ar}$.
e) Esboce o gráfico da indutância mútua entre estator e rotor (L_{sr}) em função da posição do rotor θ.
f) Determine este valor em função de $N_s, N_r, R, l, g, \mu_{ar}$. Considere $\mu_{Fe} >> \mu_{ar}$.
g) Estabeleça a equação de torque eletromagnético a partir da relação: $m = 1/2.i_s^2.dL_s/d\theta + 1/2.i_r^2.dL_r/d\theta + i_s.i_r.dL_{sr}/d\theta$
h) Demonstre que o torque eletromagnético só terá valor médio diferente de zero para: $\omega_m = \pm(\omega_s \pm \omega_r)$.

Dica:

$$sen(a).cos(b) = 1/2.[sen(a+b) + sen(a-b)]$$
$$sen(a).sen(b) = 1/2.[cos(a-b) - cos(a+b)]$$

Exercício 7

Sabe-se que a potência transferida de elétrica para mecânica em um motor de indução pode ser calculada pelas perdas em uma resistência fictícia dada por $R_R(1-s)/s$, em que R_R é a resistência do rotor e s o escorregamento. Considerando que fosse possível a construção de um motor de indução supercondutor, em que a resistência do rotor vale zero($R_R = 0$), responda se este motor seria capaz de realizar transformação eletromecânica de energia. Se existir a possibilidade, como seria a curva torque X velocidade dessa máquina supercondutora?

SOLUÇÕES

5.1 Exercício 1

a) Para a situação de alimentação senoidal equilibrada, sabe-se que as tensões são dadas por:

$$\begin{aligned} u_{S1} &= V\cos(\omega t) &= V\frac{e^{j\omega t}+e^{-j\omega t}}{2} \\ u_{S2} &= V\cos(\omega t-2\pi/3) &= V\frac{e^{j(\omega t-2\pi/3)}+e^{-j(\omega t-2\pi/3)}}{2} \\ u_{S3} &= V\cos(\omega t+2\pi/3) &= V\frac{e^{(j\omega t+2\pi/3)}+e^{-j(\omega t+2\pi/3)}}{2} \end{aligned}$$

em que V é a amplitude e ω é a frequência (em rad/s) da senoide de tensão dos terminais do estator.

Assim, o vetor espacial $\underline{u}_S$ resultante é dado por:

$$\boxed{\underline{u}_S = V\left(\frac{3e^{j\omega t}}{2}+\frac{e^{-j\omega t}}{2}+\frac{e^{-j(\omega t+2\pi/3)}}{2}+\frac{e^{-j(\omega t-2\pi/3)}}{2}\right)=\frac{3V}{2}e^{j\omega t}}$$

Este vetor resultante apresenta módulo constante igual a $\frac{3V}{2}$ e gira no plano complexo com velocidade angular também constante e igual ω. Desta forma, o vetor descreve um círculo de raio $\frac{3V}{2}$ no plano complexo.

b) Da Equação 10.35 do Livro-Texto temos que, desprezando as resistências do estator ($R_S = 0$), o fluxo do estator é dado por

$$\frac{d}{dt}\underline{\psi}_S(t) = \underline{u}_S(t),$$

ou ainda:

$$\underline{\psi}_S(t) - \underline{\psi}_S(0) = \int_0^t \underline{u}_S(t')dt',$$

Obtendo a solução da equação diferencial por meio da integral, obtêm-se:

$$\underline{\psi}_S(t) = \underline{\psi}_S(0) + \frac{3V}{2}\int_0^t e^{j\omega t'}dt' = \underline{\psi}_S(0) + \frac{3V}{j2\omega}\left(e^{j\omega t}-1\right)$$

Considerando ainda, como condição inicial, $\underline{\psi}_S(0) = \frac{3V}{2\omega} e^{-j(\pi/2)}$, conclui-se que o fluxo (em situação de regime permanente) é um vetor de módulo e velocidade constante que está atrasado 90° em relação ao vetor $\underline{u}_S(t)$. Sua expressão é dada por:

$$\boxed{\underline{\psi}_S(t) = \frac{3V}{2\omega} e^{j(\omega t - \pi/2)}}$$

c) Sabe-se que em um sistema trifásico equilibrado, as componentes de terceiro harmônico estão sempre em fase (ver Exercício 2 do Capítulo 6). Assim, considerando as componentes de terceiro harmônico na tensão de fase dos terminais do estator, obtêm-se:

$$u_{S1} = V\cos(\omega t) + \frac{V}{3}\cos(3\omega t) = V\frac{e^{j\omega t} + e^{-j\omega t}}{2} + V\frac{e^{j3\omega t} + e^{-j3\omega t}}{6}$$

$$u_{S2} = V\cos(\omega t - 2\pi/3) + \frac{V}{3}\cos(3\omega t) = V\frac{e^{j(\omega t - 2\pi/3)} + e^{-j(\omega t - 2\pi/3)}}{2} + V\frac{e^{j3\omega t} + e^{-j3\omega t}}{6}$$

$$u_{S3} = V\cos(\omega t + 2\pi/3) + \frac{V}{3}\cos(3\omega t) = V\frac{e^{(j\omega t + 2\pi/3)} + e^{-j(\omega t + 2\pi/3)}}{2} + V\frac{e^{j3\omega t} + e^{-j3\omega t}}{6}$$

Como visto no item a), o somatório das primeiras parcelas resulta em $\frac{3V}{2} e^{j\omega t}$. Assim, juntando as segundas parcelas de cada linha ao resultado do item a), obtêm-se:

$$\underline{u}_S = \frac{3V}{2} e^{j\omega t} + \frac{V}{6} e^{j3\omega t}\left(1 + e^{j2\pi/3} + e^{j4\pi/3}\right) + \frac{V}{6} e^{-j3\omega t}\left(1 + e^{j2\pi/3} + e^{j4\pi/3}\right)$$

Como $\left(1 + e^{j2\pi/3} + e^{j4\pi/3}\right) = 0$, então o vetor resultante descreve um círculo no plano complexo de forma idêntica ao vetor do item a):

$$\boxed{\underline{u}_S = \frac{3V}{2} e^{j\omega t}}$$

Isto significa que as componentes de terceiro harmônico de um sistema trifásico equilibrado não são percebidas no vetor $\underline{u}_S$.

d) Diferente do item anterior, as componentes de quinto harmônico não encontram-se em fase. Estas componentes são escritas na forma:

$$
\begin{aligned}
u_{S1_{h5}} &= \frac{V}{5}\cos(5\omega t) &= V\frac{e^{j5\omega t}+e^{-j5\omega t}}{10} \\
u_{S2_{h5}} &= \frac{V}{5}\cos(5\omega t-10\pi/3) &= V\frac{e^{j(5\omega t-10\pi/3)}+e^{-j(5\omega t-10\pi/3)}}{10} \\
u_{S3_{h5}} &= \frac{V}{5}\cos(5\omega t+10\pi/3) &= V\frac{e^{j(5\omega t+10\pi/3)}+e^{-j(5\omega t+10\pi/3)}}{10}
\end{aligned}
$$

Observando que uma fase de $\frac{10\pi}{3}$ pode ser reescrita como $\frac{-2\pi}{3}$, as parcelas de quinto harmônico são iguais a:

$$
\begin{aligned}
u_{S1_{h5}} &= V\frac{e^{j5\omega t}+e^{-j5\omega t}}{10} \\
u_{S2_{h5}} &= V\frac{e^{j(5\omega t+2\pi/3)}+e^{-j(5\omega t+2\pi/3)}}{10} \\
u_{S3_{h5}} &= V\frac{e^{j(5\omega t-2\pi/3)}+e^{-j(5\omega t-2\pi/3)}}{10}
\end{aligned}
$$

Partindo dos resultados obtidos nos itens anteriores, sabe-se que o vetor resultante é dado por:

$$\underline{u}_S = \frac{3V}{2}e^{j\omega t} + u_{S1_{h5}} + u_{S2_{h5}}e^{j2\pi/3} + u_{S3_{h5}}e^{j4\pi/3}$$

Portanto, o vetor espacial de tensão resultante é dado pela expressão:

$$\underline{u}_S = V\left(\frac{3}{2}e^{j\omega t} + \frac{3}{10}e^{-j5\omega t} + \frac{1}{10}e^{j5\omega t} + \frac{1}{10}e^{j(5\omega t+4\pi/3)} + \frac{1}{10}e^{j(5\omega t+2\pi/3)}\right)$$

$$\boxed{\underline{u}_S = \frac{3V}{2}e^{j\omega t} + \frac{3V}{10}e^{-j5\omega t}}$$

Este resultado é de um vetor que não apresenta nem módulo nem velocidade constantes. Seu traçado geométrico no plano complexo é apresentado na Figura 5.2 (traçado realizado considerando $V = 1$).

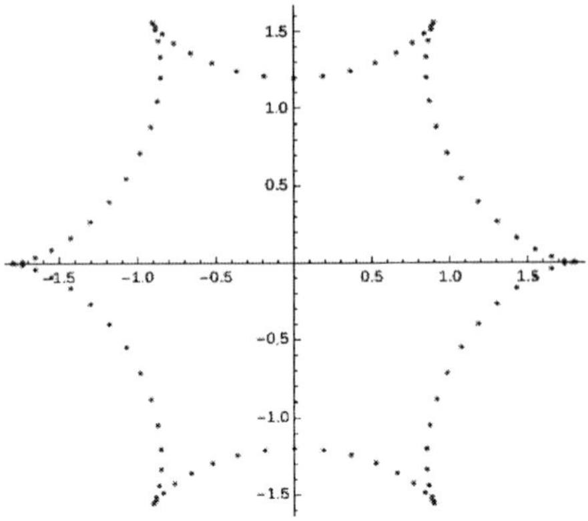

Figura 5.2: Trajetória do vetor espacial de tensão no caso de um sistema trifásico equilibrado com acréscimo de quinto harmônico

5.2 Exercício 2

Por definição (Equação 10.5 do Livro-Texto) é válido que

$$\underline{i}_S = i_{S1} + i_{S2}a + i_{S3}a^2,$$

em que $a = e^{j2\pi/3}$. Desta equação, considerando que o vetor $\underline{i}_S$ tem parte real $i_{S\alpha}$ e imaginária $i_{S\beta}$, isto é $\underline{i}_S = i_{S\alpha} + j\, i_{S\beta}$, pode-se obter facilmente:

$$i_{S\alpha} = i_{S1} - \frac{1}{2}i_{S2} - \frac{1}{2}i_{S3}$$

$$i_{S\beta} = \frac{\sqrt{3}}{2}i_{S2} - \frac{\sqrt{3}}{2}i_{S3}$$

Assim, junto à informação do enunciado de que o somatório das correntes de fase é zero $\left(\sum_{k=1}^{3} i_{Sk} = 0\right)$, obtêm-se o seguinte sistema linear 3×3:

$$\begin{bmatrix} 1 & -\frac{1}{2} & -\frac{1}{2} \\ 0 & \frac{\sqrt{3}}{2} & -\frac{\sqrt{3}}{2} \\ 1 & 1 & 1 \end{bmatrix} \begin{bmatrix} i_{S1} \\ i_{S2} \\ i_{S3} \end{bmatrix} = \begin{bmatrix} i_{S\alpha} \\ i_{S\beta} \\ 0 \end{bmatrix}$$

A matriz deste sistema linear é quadrada e não singular, o que implica diretamente que **o sistema linear tem solução única**. Por isso i_{S1}, i_{S2} e i_{S3} são unicamente definidos a partir de $\underline{i}_S$.

A solução deste sistema pode ser obtida multiplicando os dois lados da igualdade pela matriz inversa, obtendo assim:

$$\begin{bmatrix} i_{S1} \\ i_{S2} \\ i_{S3} \end{bmatrix} = \frac{2}{3} \begin{bmatrix} 1 & 0 & \frac{1}{2} \\ -\frac{1}{2} & \frac{\sqrt{3}}{2} & \frac{1}{2} \\ -\frac{1}{2} & -\frac{\sqrt{3}}{2} & \frac{1}{2} \end{bmatrix} \begin{bmatrix} i_{S\alpha} \\ i_{S\beta} \\ 0 \end{bmatrix}$$

Efetuando a multiplicação matriz-vetor, obtêm-se as seguintes correntes de fase:

$$\boxed{\begin{array}{rclcl} i_{S1} & = & \frac{2}{3} i_{S\alpha} & = & \frac{2}{3}\underline{i}_S \cdot e^{j0} \\ i_{S2} & = & \frac{2}{3}\left(-\frac{1}{2} i_{S\alpha} + \frac{\sqrt{3}}{2} i_{S\beta}\right) & = & \frac{2}{3}\underline{i}_S \cdot e^{j2\pi/3} \\ i_{S3} & = & \frac{2}{3}\left(-\frac{1}{2} i_{S\alpha} + \frac{\sqrt{3}}{2} i_{S\beta}\right) & = & \frac{2}{3}\underline{i}_S \cdot e^{j4\pi/3} \end{array}}$$

O produto escalar entre dois vetores (que neste caso são números complexos) representa geometricamente a projeção de um vetor sobre o outro. Assim, a determinação das correntes de fase passa apenas por projetar o vetor $\underline{i}_S$ sobre as direções e^{j0}, $e^{j\frac{2\pi}{3}}$ e $e^{j\frac{4\pi}{3}}$ com um ganho de $\frac{2}{3}$.

.3 Exercício 3

Um número complexo pode ser representado como um vetor (por isso os vetores espaciais são assim chamados, mesmo sendo "somente"números complexos). Desta forma, considere as duas representações das correntes a seguir:

$$\underline{i}_S = i_{S\alpha} + j i_{S\beta} = \begin{bmatrix} i_{S\alpha} \\ i_{S\beta} \end{bmatrix}$$

$$\underline{i}_R e^{j\epsilon} = i_{R\alpha} + j i_{R\beta} = \begin{bmatrix} i_{R\alpha} \\ i_{R\beta} \end{bmatrix}$$

$$\left(\underline{i}_R e^{j\epsilon}\right)^* = i_{R\alpha} - j i_{R\beta} = \begin{bmatrix} i_{R\alpha} \\ -i_{R\beta} \end{bmatrix}$$

Assim, da Equação 10.48 do Livro-Texto, obtém-se diretamente:

$$m_M = \frac{2}{3} L_0 \operatorname{Im}\left(\underline{i}_S \left(\underline{i}_R e^{j\epsilon}\right)^*\right) = \frac{2}{3} L_0 \operatorname{Im}\left(i_{S\alpha} i_{R\alpha} + i_{S\beta} i_{R\beta} + j\left(i_{R\alpha} i_{S\beta} - i_{S\alpha} i_{R\beta}\right)\right)$$

$$m_M = \frac{2}{3} L_0 \left(i_{R\alpha} i_{S\beta} - i_{S\alpha} i_{R\beta}\right)$$

Sabe-se também que todos os vetores de um mesmo espaço vetorial $\mathbb{R}^2$ (neste caso todos os vetores pertencem ao plano complexo) podem ser reescritos como pertencentes ao subespaço plano do $\mathbb{R}^3$. Isto é, todos os vetores podem ser reescritos com uma componente a mais igual a zero sem nenhum tipo de perda de generalidade. Assim, faz sentido um produto vetorial entre dois vetores 2×2 considerando uma terceira dimensão ortogonal ao plano.

$$\left|\underline{i}_R e^{j\epsilon} \times \underline{i}_S\right| = \left|\begin{bmatrix} i_{R\alpha} \\ i_{R\beta} \\ 0 \end{bmatrix} \times \begin{bmatrix} i_{S\alpha} \\ i_{S\beta} \\ 0 \end{bmatrix}\right| = \left\|\begin{matrix} \hat{x} & \hat{y} & \hat{z} \\ i_{R\alpha} & i_{R\beta} & 0 \\ i_{S\alpha} & i_{S\beta} & 0 \end{matrix}\right\| = \left|0\hat{x} + 0\hat{y} + \left(i_{R\alpha} i_{S\beta} - i_{S\alpha} i_{R\beta}\right)\hat{z}\right|$$

$$\left|\underline{i}_S \times \underline{i}_R e^{j\epsilon}\right| = i_{R\alpha} i_{S\beta} - i_{S\alpha} i_{R\beta}$$

Substituindo este resultado na expressão obtida para o torque, temos:

$$\boxed{m_M = \frac{2}{3} L_0 \left(i_{R\alpha} i_{S\beta} - i_{S\alpha} i_{R\beta}\right) = \frac{2}{3} L_0 \left|\underline{i}_R e^{j\epsilon} \times \underline{i}_S\right|}$$

5.4 Exercício 4

Primeiramente, vamos iniciar calculando as impedâncias de cada um dos 3 circuitos.

Impedância do circuito (a)
A impedância equivalente do circuito (a) é obtida com

$$Z_{S_a} = R_S + j\omega_1\sigma_S L_0 + \left(j\omega_1 L_0 \,||\, \left(\frac{R_R}{s} + j\omega_1\sigma_S L_0\right)\right),$$

isto é:

$$Z_{S_a} = R_S + j\omega_1\sigma_S L_0 + \frac{1}{\dfrac{1}{j\omega_1 L_0} + \dfrac{1}{\dfrac{R_R}{s} + j\omega_1\sigma_S L_0}}$$

Desenvolvendo algebricamente esta expressão, chega-se a:

$$Z_{S_a} = R_S + j\omega_1 L_0\left(\sigma_S + \frac{R_R + js\omega_1 L_0\sigma_R}{R_R + js\omega_1 L_0(1+\sigma_R)}\right)$$

Impedância do circuito (b)
A impedância equivalente do circuito (b) é obtida a partir de

$$Z_{S_b} = R_S + j\omega_1\sigma L_S + \left(j\omega_1(1-\sigma)L_S \,||\, \left(\frac{R_R}{s}\frac{1}{(1+\sigma_R)^2}\right)\right),$$

isto é:

$$Z_{S_b} = R_S + j\omega_1\sigma L_S + \frac{1}{\dfrac{1}{j\omega_1(1-\sigma)L_S} + \dfrac{1}{\dfrac{R_R}{s}\dfrac{1}{(1+\sigma_R)^2}}}, \tag{5.1}$$

Desenvolvendo algebricamente esta expressão, chega-se a:

$$Z_{S_b} = R_S + j\omega_1 L_S\left(\sigma + \frac{R_R(1-\sigma)}{R_R + js\omega_1 L_S(1-\sigma)(1+\sigma_R)^2}\right)$$

Impedância do circuito (c)

A impedância equivalente do circuito (c) é obtida a partir de

$$Z_{S_c} = R_S + \left(j\omega_1 L_S \,||\, \left(\frac{R_R}{s}(1+\sigma_S)^2 + j\omega_1 \frac{\sigma}{1-\sigma} L_S \right) \right),$$

isto é:

$$Z_{S_c} = R_S + \cfrac{1}{\cfrac{1}{j\omega_1 L_S} + \cfrac{1}{\cfrac{R_R}{s}(1+\sigma_S)^2 + j\omega_1 \cfrac{\sigma}{1-\sigma} L_S}}$$

Desenvolvendo algebricamente esta expressão, chega-se a:

$$Z_{S_c} = R_S + j\omega_1 L_S \frac{R_R(1-\sigma)(1+\sigma_R)^2 + js\omega_1 \sigma L_S}{R_R(1-\sigma)(1+\sigma_R)^2 + js\omega_1 L_S}$$

Equivalência entre as impedâncias

Uma vez que as impedâncias dos três circuitos foram calculadas, para provar suas equivalências entre si é necessário se valer de outras expressões enunciadas no Livro-Texto, as Equações 10.49 e 10.70. Elas enunciam 3 relações importantes a serem utilizadas aqui:

$$L_S = (1+\sigma_S)L_0$$

$$L_R = (1+\sigma_R)L_0$$

$$\sigma = 1 - \frac{1}{(1+\sigma_S)(1+\sigma_R)}$$

Manipulando essas 3 relações acima junto com as expressões obtidas para as impedâncias equivalentes, é possível provar de diferentes formas que $Z_{S_a} = Z_{S_b} = Z_{S_c}$ eliminando variáveis redundantes entre as equações apresentadas. Devido ao elevado grau de complexidade das expressões, é recomendado que esta etapa seja realizada com o auxílio de uma ferramenta computacional de matemática simbólica, como Sympy, Wolfram Mathematica e MATLAB, para conferência dos seus resultados.

Uma destas inúmeras opções de variáveis a serem eliminadas consiste na escolha das variáveis σ_S, σ_R e L_0. Ao escolhê-las para serem eliminadas, é possível obter a partir das Equações 10.49 e 10.70 do Livro-Texto:

$$\sigma_S = \frac{L_S}{\sqrt{L_S L_R(\sigma - 1)}} - 1$$

$$\sigma_R = \frac{L_R}{\sqrt{L_S L_R(\sigma - 1)}} - 1$$

$$L_0 = \sqrt{L_S L_R(\sigma - 1)}$$

Substituindo estas 3 variáveis nas expressões encontradas para as impedâncias dos circuitos, obtêm-se por fim que:

$$\boxed{Z_{S_a} = Z_{S_b} = Z_{S_c} = R_S + j\omega_1 L_S \frac{R_R + js\omega_1 \sigma L_R}{R_R + js\omega_1 L_R}}$$

5.5 Exercício 5

a) Para a situação de alimentação senoidal descrita no enunciado, sabe-se que as tensões são dadas por:

$$\begin{aligned}
u_1 &= V\cos(\omega t) &&= V\frac{e^{j\omega t} + e^{-j\omega t}}{2} \\
u_2 &= V\cos(\omega t - 2\pi/5) &&= V\frac{e^{j(\omega t-\pi/5)} + e^{-j(\omega t-2\pi/5)}}{2} \\
u_3 &= V\cos(\omega t - 4\pi/5) &&= V\frac{e^{(j\omega t-2\pi/5)} + e^{-j(\omega t-4\pi/5)}}{2} \\
u_4 &= V\cos(\omega t - 6\pi/5) &&= V\frac{e^{j(\omega t-3\pi/5)} + e^{-j(\omega t-6\pi/5)}}{2} \\
u_5 &= V\cos(\omega t - 8\pi/5) &&= V\frac{e^{(j\omega t-4\pi/5)} + e^{-j(\omega t-8\pi/5)}}{2}
\end{aligned}$$

Utilizando a definição de vetor espacial $\underline{u}_S$ dada no enunciado, o resultado obtido é:

$$\underline{u}_S = V\left(\frac{5e^{j\omega t}}{2} + \frac{e^{-j\omega t}}{2} + \frac{e^{-j(\omega t-2\pi/5)}}{2} + \frac{e^{-j(\omega t-4\pi/5)}}{2} + \frac{e^{-j(\omega t-6\pi/5)}}{2} + \frac{e^{-j(\omega t-8\pi/5)}}{2}\right)$$

$$\boxed{\underline{u}_S = \frac{5V}{2} e^{j\omega t}}$$

Este vetor resultante apresenta módulo constante igual a $\frac{5V}{2}$ e gira no plano complexo com velocidade angular também constante e igual ω.

b) Representando $\gamma = e^{j2\pi/5}$, temos da definição que:

$$\underline{u}_S = u_1 + u_2\gamma + u_3\gamma^2 + u_4\gamma^3 + u_5\gamma_4$$

As partes reais e imaginárias de todos os números envolvidos nesta equação são conhecidos, a saber:

$$\begin{aligned}
\underline{u}_S &= u_\alpha + ju_\beta \\
\gamma &= \frac{\sqrt{5}-1}{4} + j\sqrt{\frac{5+\sqrt{5}}{8}} = a + jb \\
\gamma^2 &= \frac{-\sqrt{5}-1}{4} + j\sqrt{\frac{5-\sqrt{5}}{8}} = c + jd \\
\gamma^3 &= c - jd \\
\gamma^4 &= a - jb
\end{aligned}$$

Desta forma, pode-se separar a equação em um sistema linear de 2 equações e 5 incógnitas, dadas pelas suas partes real e imaginária. Representando este sistema linear de forma matricial, obtém-se

$$\begin{bmatrix} u_\alpha \\ u_\beta \end{bmatrix} = \begin{bmatrix} 1 & a & c & c & a \\ 0 & b & d & -d & -b \end{bmatrix} \begin{bmatrix} u_1 \\ u_2 \\ u_3 \\ u_4 \\ u_5 \end{bmatrix}$$

Por se tratar de um sistema linear com mais incógnitas que equações, diferente do caso trifásico, não é possível obter unicamente os valores das tensões u_k nem se acrescentarmos uma terceira equação do tipo $\sum_{k=1}^{5} u_k = 0$ pois ainda assim, o sistema apresentaria infinitas soluções. Entretanto, supondo que o sistema pentafásico é equilibrado de sequência positiva e que nenhuma das fases foi perdida, é possível se valer das definições da matriz pseudo-inversa de Moore-Penrose.

A matriz pseudo-inversa de Moore-Penrose estabelece uma relação semelhante à obtida no caso trifásico, de projeção de $\underline{u}_S$ sobre as direções e^{j0}, $e^{j2\pi/5}$, $e^{j4\pi/5}$, $e^{j6\pi/5}$ e $e^{j8\pi/5}$. Assim, calculando a pseudo-inversa obtém-se uma solução (que não é única) para o sistema linear que é da forma:

$$\begin{bmatrix} u_1 \\ u_2 \\ u_3 \\ u_4 \\ u_5 \end{bmatrix} = \frac{2}{5} \begin{bmatrix} 1 & a & c & c & a \\ 0 & b & d & -d & -b \end{bmatrix}^T \begin{bmatrix} u_\alpha \\ u_\beta \end{bmatrix}$$

c) Para o caso em que $u_5(t) = 0$, obtém-se:

$$\begin{aligned}
u_1 &= V\cos(\omega t) &&= V\frac{e^{j\omega t} + e^{-j\omega t}}{2} \\
u_2 &= V\cos(\omega t - 2\pi/5) &&= V\frac{e^{j(\omega t-2\pi/5)} + e^{-j(\omega t-2\pi/5)}}{2} \\
u_3 &= V\cos(\omega t - 4\pi/5) &&= V\frac{e^{(j\omega t-4\pi/5)} + e^{-j(\omega t-4\pi/5)}}{2} \\
u_4 &= V\cos(\omega t - 6\pi/5) &&= V\frac{e^{j(\omega t-6\pi/5)} + e^{-j(\omega t-6\pi/5)}}{2} \\
u_5 &= 0 &&= 0
\end{aligned}$$

Calculando o vetor espacial $\underline{u}_S$, o resultado obtido é:

$$\underline{u}_S(t) = 2Ve^{j\omega t} + V\frac{e^{-j\omega t}}{2} + V\frac{e^{-j(\omega t-2\pi/5)}}{2} + V\frac{e^{-j(\omega t-4\pi/5)}}{2} + V\frac{e^{-j(\omega t-6\pi/5)}}{2}$$

Este vetor resultante não apresenta módulo nem velocidade angular constante. Seu traçado geométrico no plano complexo é apresentado na Figura 5.3 (traçado realizado considerando $V = 1$). É importante ressaltar que, neste caso em que há perda de uma das fases, a transformação inversa obtida no item (b) deste exercício falharia e não conseguiria obter

$u_5(t) = 0$. Isso porque a solução obtida considera que todas as fases estão contribuindo igualmente (defasadas de $2\pi/5$), cada uma sobre uma das direções e^{j0}, $e^{j2\pi/5}$, $e^{j4\pi/5}$, $e^{j6\pi/5}$ e $e^{j8\pi/5}$.

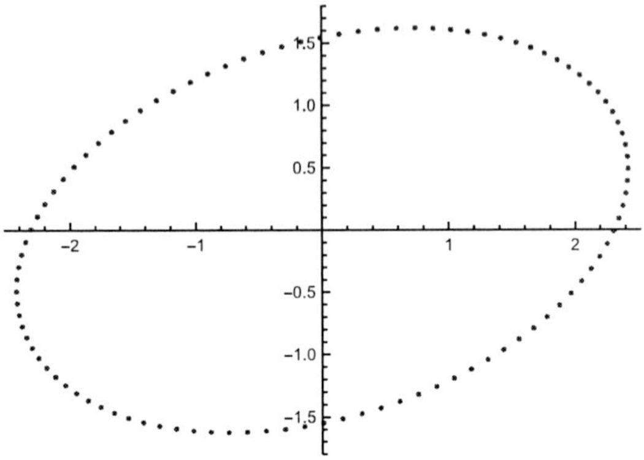

Figura 5.3:
Trajetória do vetor espacial de tensão no caso de um sistema pentafásico equilibrado com perda de u_5

5.6 Exercício 6

a,b) Admitindo-se uma distribuição uniforme de campo magnético no entreferro e aplicando a lei de Ampère, tem-se:

$$N_s i_s = 2gH \rightarrow H = \frac{N_s.i_s}{2.g}$$

$$B = \mu_0 H = \frac{\mu_0 N_s i_s}{2g}$$

$$\phi = \pi.R.l.B$$

$$\boxed{L_s = \frac{N_s\phi}{i_s} = \frac{\pi\mu_0 R l N_s^2}{2g} \rightarrow constante}$$

c,d) De forma similar aos itens anteriores:

$$\boxed{L_r = \frac{N_r\phi}{i_r} = \frac{\pi\mu_0 R l N_r^2}{2g} \rightarrow constante}$$

e,f) Considerando o fluxo concatenado pelas espiras do rotor e gerado pelas correntes de estator, vem:

$$\phi = (\pi - \theta)RlB - \theta RlB = (\pi - 2\theta)RlB$$
$$L_{sr} = \frac{N_r.\phi}{i_s} = \frac{(\pi - 2\theta)\mu_0 RlN_sN_r}{2g}$$

A Figura 5.4 mostra o resultado.

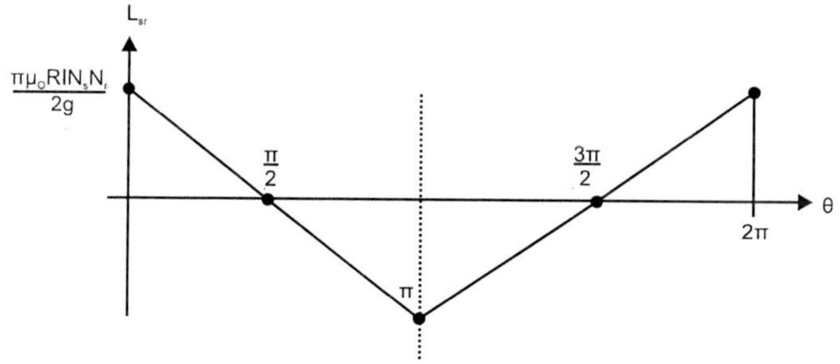

Figura 5.4: Indutância em função da posição

g) Só existe contribuição de torque através da parcela dependente de $dL_{sr}/d\theta$ (Fig. 5.5).

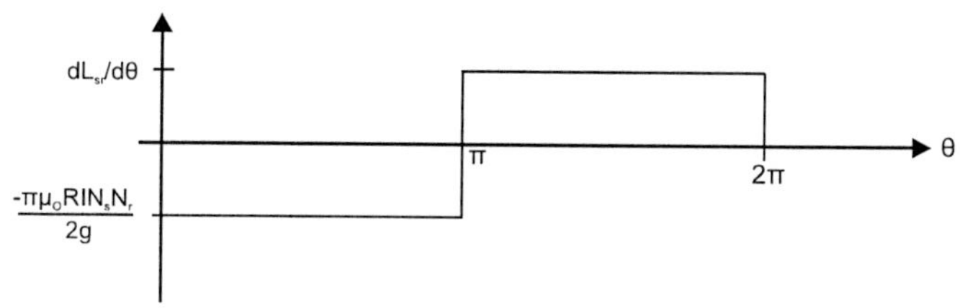

Figura 5.5: Derivada da indutância em função da posição

$$m = i_s i_r \frac{dL_{sr}}{d\theta} = I_s I_r sen(\omega_s t) sen(\omega_s t + \alpha) \frac{dL_{sr}}{d\theta}$$

h) Em uma situação de regime permanente $\theta = \omega_m.t$. Assim, a parcela de torque oriunda da indutância mútua tem frequência ω_m.

Sabe-se que o produto das funções seno pode ser transformado em soma através da relação:

$$sen(\omega_s t).sen(\omega_r t+\alpha) = 1/2cos[(\omega_s-\omega_r)t-\alpha]-cos[(\omega_s+\omega_r)t+\alpha]$$

Por sua vez, a parcela periódica de frequência ω_m pode ser decomposta na série de Fourier e os produtos resultantes novamente transformados em somas de funções trigonométricas.

O resultado desses produtos só terá valor médio diferente de zero se algum dos argumentos independer do tempo. Tomando a componente fundamental, que é a de maior amplitude, isto se consegue com: $\omega_m = \pm(\omega_s \pm \omega_r)$

5.7 Exercício 7

Uma característica importante da curva de torque do motor de indução, curva esta que é explorada ao longo da Seção 10.2.2 do Livro-Texto, é que a resistência do rotor R_R não influencia no torque máximo capaz de ser desempenhado pelo rotor. Este fato fica claro na Equação 10.84 do Livro-Texto em que é mostrado que o torque máximo m_p depende apenas da razão V/ω, da indutância do enrolamento de estator e do fator σ de dispersão do fluxo. Este comportamento pode ser observado plotando diferentes curvas de torque com os mesmos parâmetros de motor, variando apenas a resistência rotórica R_R, como é feito na Figura 5.6.

Além disso, é possível observar um comportamento interessante a partir das curvas plotadas no que diz respeito à velocidade que o motor atinge o ponto de torque máximo. É possível observar que com resistências cada vez menores, a velocidade em que se alcança o torque máximo se aproxima cada vez mais da velocidade síncrona. Matematicamente isso é observado na Equação 10.71 do Livro-Texto que define o escorregamento S_p em que que se alcança o máximo torque. Fazendo R_R tender a zero, obtém-se como resultado:

$$\lim_{R_R\to 0} S_p = \lim_{R_R\to 0} \frac{R_R}{\omega_1 \sigma L_R} = 0$$

Essas duas observações, o torque o máximo não depende de R_R (Equação 12.84 do Livro-Texto) e o escorregamento de torque máximo tende a zero quando R_R tende a zero (Equação 12.71 do Livro-Texto), nos permitem afirmar que um hipotético motor de indução supercondutor

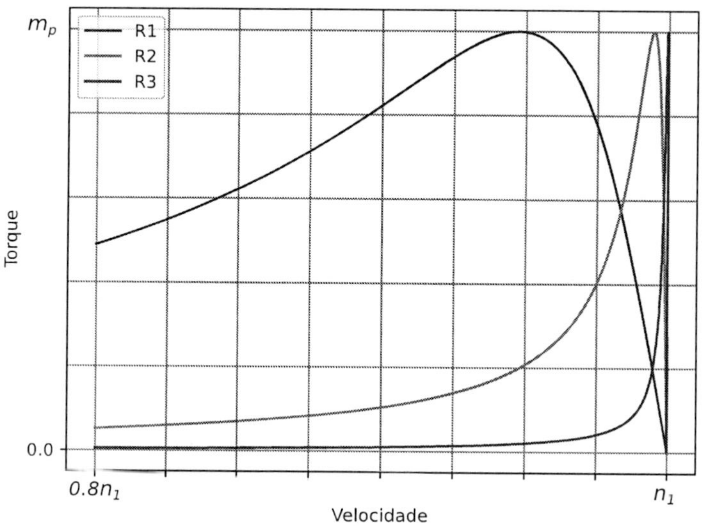

Figura 5.6: Curvas de torque variando a resistência R_R, em que $R_1 > R_2 > R_3$

seria sim capaz de realizar transformação eletromecânica de energia. Além disso, este motor hipotético teria uma curva de torque X velocidade vertical, semelhante a de um motor síncrono, uma vez que o motor seria capaz de fornecer toda sua capacidade de torque na velocidade síncrona, como é apresentado na Figura 5.7.

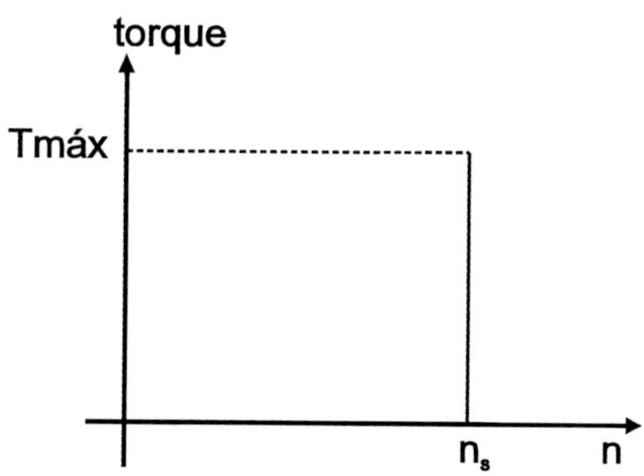

Figura 5.7: Esboço da curva de torque do hipotético motor supercondutor

Capítulo 6

Conversores Estáticos de Potência Cap. 11 do Livro-Texto

Os exercícios deste capítulo são relativos aos conversores de eletrônica de potência utilizados para realizar o acionamento de motores CA e cobrem o conteúdo do capítulo 11 do Livro-Texto

Exercício 1

Considere o conversor apresentado na Figura 6.1 operando com suas chaves sendo acionadas por um sinal PWM de onda portadora triangular de frequência f e amplitude A.

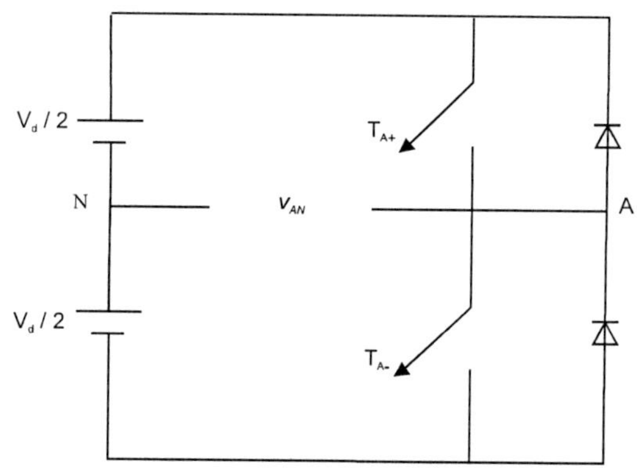

Figura 6.1: Conversor do Exercício 1

Mostre que para um sinal de referência constante igual a $m_a \times A$, tal que $-1 \leq m_a \leq 1$, o valor médio da tensão na saída do conversor é igual a $m_a \dfrac{V_d}{2}$.

Exercício 2

Mostre que as componentes de terceiro harmônico de um sistema trifásico equilibrado estão em fase.

Exercício 3

Mostre que não existem componentes de frequência par na decomposição em série de Fourier de um sinal periódico com simetria de meia onda.

Exercício 4

Mostre que o vetor espacial de tensão, definido na equação 11.1 do Livro-Texto, para o caso em que as tensões u_{S1}, u_{S2} e u_{S3} serem sinais senoidais com mesma amplitude V, com mesma frequência angular ω e com uma defasagem de 120° entre si, resulta em um vetor de amplitude constante igual a $\frac{3}{2}V$ e que gira no plano complexo com velocidade angular ω.

Exercício 5

Considere um PWM-vetorial com período de amostragem T_s. Mostre que as combinações dos chaveamentos $(1,0,0)$ e $(1,1,0)$, da Fig 11.7 do Livro-Texto, conduzem a valores médios de tensão situados sobre a aresta que liga as tensões $\underline{u}_1$ e $\underline{u}_2$.

Exercício 6

Seja um vetor espacial $\underline{u}_S(t)$ dado por suas componentes do eixo real (x) e do eixo imaginário (y):

$$x(t) = A(t)\cos[\alpha(t))]$$
$$y(t) = A(t)\sin[\alpha(t))]$$

a) Determine a derivada de $\underline{u}_S(t)$ em relação ao tempo.
b) Mostre que, para $A(t)$ constante, essa derivada é representada por um vetor perpendicular a $\underline{u}_S(t)$, independentemente da variação do ângulo $\alpha(t)$.

SOLUÇÕES

6.1 Exercício 1

Para calcular o valor médio, basta considerar um único período da onda triangular $T = 1/f$, como sugerido na Figura 6.2.

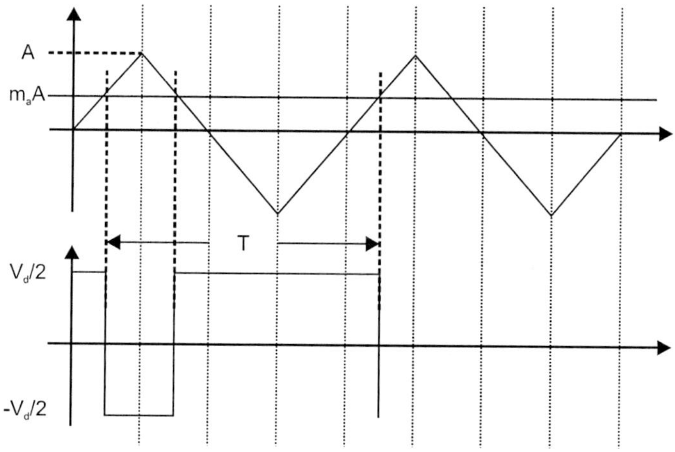

Figura 6.2: Geração de um sinal PWM

Neste período:

$$V_{med} = \frac{1}{T}\{[-\frac{V_d}{2}\frac{T}{2}(1-m_a)] + [\frac{V_d}{2}\frac{T}{2}(1+m_a)]\} \implies \boxed{V_{med} = \frac{V_d}{2}m_a}$$

Conclusão: A partir deste exercício, pode-se entender porque um sinal de referência senoidal, com frequência muitas vezes menor (~ 20) do que a frequência da onda triangular, gera um sinal cujo componente fundamental é um sinal senoidal na frequência da referência. Basta entender o sinal de referência decomposto em uma série de valores constantes em pequenos intervalos.

.2 Exercício 2

Um sistema trifásico equilibrado é tal que

$$
\begin{aligned}
u_{S_1} &= A\cos[\alpha_1(t)] \\
u_{S_2} &= A\cos[\alpha_2(t)] \\
u_{S_3} &= A\cos[\alpha_3(t)] \quad ,
\end{aligned}
$$

em que

$$\alpha_1(t) = \omega t$$

$$\alpha_2(t) = \omega t + \frac{2\pi}{3}$$

$$\alpha_3(t) = \omega t + \frac{4\pi}{3}$$

Os terceiros harmônicos são obtidos multiplicando por 3 os ângulos $\alpha_i(t)$. Desta forma, os argumentos do cosseno dos terceiros harmônicos do sistema trifásico equilibrado são:

$$
\boxed{
\begin{aligned}
3\alpha_1(t) &= 3\omega t \\
3\alpha_2(t) &= 3\omega t + 2\pi = 3\omega t \\
3\alpha_3(t) &= 3\omega t + 4\pi = 3\omega t
\end{aligned}
}
$$

Isto significa que os terceiros harmônicos do sistema encontram-se em fase.

6.3 Exercício 3

Diz-se que um sinal periódico com período T possui simetria de meia onda quando um semiperíodo é o simétrico do seguinte. Isto é, quando apresenta a propriedade:

$$f(t) = -f(t - T/2), \text{ se } \; T/2 \leq t \leq T$$

Sabe-se que os coeficientes da decomposição em série de Fourier de um sinal periódico são dados por:

$$c_n = \frac{1}{T}\int_0^T f(t)e^{-j\frac{2\pi n t}{T}}dt$$

Se valendo da propriedade de simetria de meia onda, obtém-se:

$$c_n = \frac{1}{T}\int_0^{T/2} f(t)e^{-j\frac{2\pi n t}{T}}dt - \frac{1}{T}\int_{T/2}^{T} f(t - T/2)e^{-j\frac{2\pi n t}{T}}dt$$

Fazendo uma pequena mudança de variável na segunda integral, de forma que $t \longrightarrow t+T/2$, pode-se simplificar a expressão para:

$$c_n = \frac{1}{T}\int_0^{T/2} f(t)e^{-j\frac{2\pi nt}{T}}dt - \frac{1}{T}\int_0^{T/2} f(t)e^{-j\frac{2\pi nt}{T}-jn\pi}dt =$$
$$= \frac{1}{T}\int_0^{T/2} f(t)\left(e^{-j\frac{2\pi nt}{T}} - e^{-j\frac{2\pi nt}{T}-jn\pi}\right)dt$$

Por fim, têm-se a expressão integral para os coeficientes da série dada por:

$$c_n = \frac{1}{T}\int_0^{T/2} f(t)\left(e^{-j\frac{2\pi nt}{T}} - e^{-j\frac{2\pi nt}{T}}e^{-jn\pi}\right)dt$$

Fazendo $n = 2k$, pela fórmula de Euler, sabe-se que $e^{-j2k\pi} = 1$. Portanto, os coeficientes pares da série resultam em:

$$c_{2k} = \frac{1}{T}\int_0^{T/2} f(t)\left(e^{-j\frac{4\pi kt}{T}} - e^{-j\frac{4\pi kt}{T}}\times 1\right)dt = \frac{1}{T}\int_0^{T/2} f(t)\times 0\, dt \Longrightarrow \boxed{c_{2k} = 0}$$

6.4 Exercício 4

As tensões são dadas por:

$$\begin{aligned}
u_{S1} &= V\cos(\omega t) &= V\tfrac{e^{j\omega t}+e^{-j\omega t}}{2}\\
u_{S2} &= V\cos(\omega t - 2\pi/3) &= V\tfrac{e^{j(\omega t-2\pi/3)}+e^{-j(\omega t-2\pi/3)}}{2}\\
u_{S3} &= V\cos(\omega t + 2\pi/3) &= V\tfrac{e^{(j\omega t+2\pi/3)}+e^{-j(\omega t+2\pi/3)}}{2}
\end{aligned}$$

Assim, o vetor espacial $\underline{u}_S$ resultante é dado por:

$$\boxed{\underline{u}_S = V\left(\frac{3e^{j\omega t}}{2} + \frac{e^{-j\omega t}}{2} + \frac{e^{-j(\omega t+2\pi/3)}}{2} + \frac{e^{-j(\omega t-2\pi/3)}}{2}\right) = \frac{3V}{2}e^{j\omega t}}$$

O resultado corresponde a um vetor de amplitude $\frac{3}{2}V$ constante girando com velocidade angular ω.

6.5 Exercício 5

O vetor espacial médio pode ser obtido pela expressão

$$\underline{u}_{med} = \frac{1}{T_s}\left((1-\alpha)T_s\underline{u}_1 + \alpha T_s\underline{u}_2\right),$$

em que α corresponde à proporção de tempo que o conversor fica no estado $(1,1,0)$, correspondente ao vetor $\underline{u}_2$.

É conhecido que $\underline{u}_1 = u_1 e^{j0}$ e que $\underline{u}_2 = \underline{u}_1 e^{j\frac{\pi}{3}}$. Assim, pode-se reescrever o vetor $\underline{u}_{med}$ como

$$\underline{u}_{med} = \frac{1}{T_s}\left((1-\alpha)T_s u_1 + \alpha T_s u_1 e^{j\frac{\pi}{3}}\right).$$

Decompondo este vetor em suas componentes reais e imaginárias, obtêm-se:

$$x = \mathrm{Re}(\underline{u}_{med}) = u_1 - \frac{1}{2}\alpha u_1$$
$$y = \mathrm{Im}(\underline{u}_{med}) = \frac{\sqrt{3}}{2}\alpha u_1$$

Eliminando α nas duas equações acima, resulta:

$$\boxed{y = \sqrt{3}u_1 - \sqrt{3}x}$$

que corresponde à equação da reta que liga as extremidades dos vetores $\underline{u}_1$ e $\underline{u}_2$.

Este exercício mostra que qualquer vetor no interior da região hexagonal delimitada pelas extremidades dos vetores da Fig. 11.7 do Livro-Texto pode ser sintetizado, na média, pelo chaveamento dos 6 vetores ali definidos.

6.6 Exercício 6

a) O vetor espacial pode ser escrito em coordenadas polares como $\underline{u}_S = Ae^{j\alpha}$, em que $A = A(t)$ e $\alpha = \alpha(t)$. Assim, a derivada do vetor é dada por:

$$\boxed{\frac{d\underline{u}_S}{dt} = \frac{dA}{dt}e^{j\alpha} + j\frac{d\alpha}{dt}Ae^{j\alpha}}$$

b) No cenário que $A(t)$ é uma função constante, é válido que $\frac{dA}{dt} = 0$. Desta forma, a expressão da derivada do vetor espacial se reduz para:

$$\boxed{\frac{d\underline{u}_S}{dt} = j\frac{d\alpha}{dt}Ae^{j\alpha} = \frac{d\alpha}{dt}Ae^{j\alpha + j\frac{\pi}{2}}}$$

Assim, a derivada do vetor espacial é dada por um vetor que possui módulo $\frac{d\alpha}{dt}A$ (que também é escrito na literatura como ωA) e fase $\alpha + \frac{\pi}{2}$, o que mostra que $\frac{d\underline{u}_S}{dt}$ é perpendicular a $\underline{u}_S$.

Capítulo 7

Controle Escalar do Motor de Indução Sec. 12.1 do Livro-Texto

Os exercícios deste capítulo são relativos ao controle escalar de motores de indução. Este método de controle é obtido a partir do modelo de regime permanente dos motores de indução. Os exercícios propostos cobrem o conteúdo da Seção 12.1 do Livro-Texto

Exercício 1

Para o circuito magnético da Figura 7.1, mostre que a amplitude do fluxo no entreferro será constante se for mantida a mesma razão entre a amplitude e a frequência da tensão de alimentação v. Considere condições ideais, sem dispersão e com permeabilidade magnética do ferro infinita.

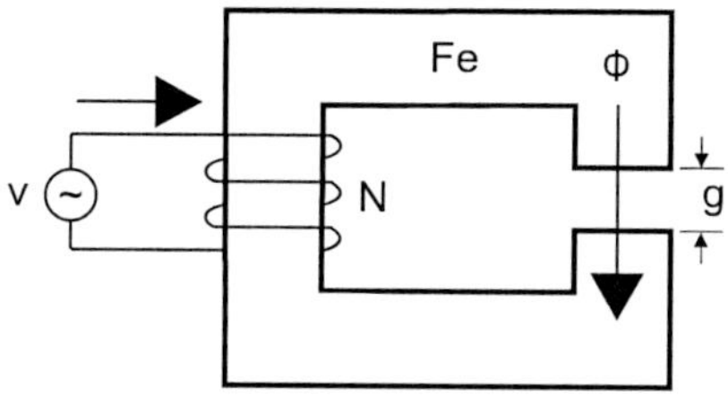

Figura 7.1: Circuito magnético

Exercício 2

Com o advento dos inversores CC-CA (conversor fonte de tensão - CFT) da eletrônica de potência, nas décadas de 70 e 80 do século XX, os motores de indução de gaiola de esquilo começaram a ser empregados em aplicações que requerem um controle de velocidade.

a) Esboce a curva Torque x Velocidade para um Motor de Indução típico com rotor gaiola de esquilo nas condições nominais de tensão e frequência de alimentação. Indique no seu gráfico o ponto de torque máximo.

b) Qual a alteração nesta curva se a tensão de alimentação é reduzida à metade do valor nominal, mantida a frequência de alimentação. Há risco de saturação magnética neste caso? O que ocorre com o fluxo magnético no entreferro? E com o valor do torque máximo? E com a velocidade sem solicitação de carga (velocidade em vazio)? Indique estes valores no seu gráfico.

c) Qual a alteração na curva do item "a" se a tensão e a frequência de alimentação do motor são reduzidas simultaneamente à metade. O que ocorre com o fluxo magnético no entreferro? E com o valor do torque máximo? E com a velocidade sem solicitação de carga (velocidade em vazio)? Indique estes valores no seu gráfico.

d) Sugira um diagrama de blocos simples para o controle de velocidade de um Motor de Indução que explore a característica apresentada no item 3 acima e empregue um conversor CFT com controle PWM, ou seja, um conversor que permite o controle da amplitude e da frequência da sua tensão de saída.

Exercício 3

Um motor de indução trifásico de dois polos, 380 V fase-neutro, 60 Hz = 377 rad/seg, é empregado para acionar um elevador conforme indicado na Figura 7.2. Admita que:

1. O motor é alimentado por um inversor VSI-PWM que mantém constante a razão $V/f = k$.
2. Dispõe-se de um "encoder" que fornece a posição e a velocidade do motor com ganho de transdução unitário.
3. Uma transmissão mecânica (TM) de excelente rendimento, reduz a velocidade de rotação do motor de 50 vezes.
4. O elevador é movimentado por meio de uma polia de 1 metro de raio.
5. O momento de inércia do motor e das demais partes girantes é muito pequeno quando comparado ao efeito da massa ($M =$ 1000 kg) do elevador.
6. A resistência do rotor por fase vale $R_R = 1\,\Omega$.
7. O ganho de torque em relação à velocidade de escorregamento é de 3 N.m.s/rad

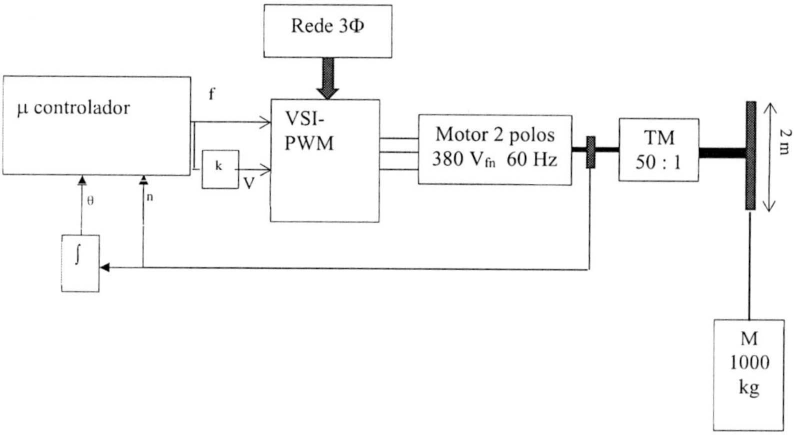

Figura 7.2: Diagrama indicando os principais componentes do elevador

a) Mostre que o momento de inércia percebido no eixo do motor vale $J = 0,4 kg.m^2$.

b) Proponha um esquema de controle escalar de velocidade para esse elevador. Indique limitadores e outros cuidados necessários na implementação. Explique a solução.

c) Considere a dinâmica do conversor VSI-PWM praticamente instantânea frente às demais constantes de tempo do processo. Projete um regulador PI de velocidade para que a resposta ao degrau de referência tenha sobrepasso de 5% (polos com parte real igual à imaginária) e tempo de assentamento 46 segundos. Apresente um diagrama de blocos do sistema de controle com valores numéricos.

d) Seria aconselhável escolher um regulador PID para essa tarefa? Por quê?

e) Substitua a malha de controle de velocidade por um sistema de primeira ordem equivalente com constante de tempo 10 segundos. Projete um regulador de posição tipo PD ideal $[K_d(1 + T_D s)]$ de modo que o sistema realimentado não tenha sobrepasso e o tempo de assentamento seja de 23 segundos.

Exercício 4

A frenagem regenerativa de um motor de indução trifásico, se dá quando a velocidade de escorregamento fica negativa ($\omega_2 < 0$). Considere um motor de indução trifásico alimentado por um inversor eletrônico com acionamento V/f constante. Admita ainda que os transitórios elétricos sejam muito mais rápidos que os transitórios mecânicos, isto é, a curva de torque eletromagnético do motor (m_M) em regime permanente pode ser utilizada na análise transitória mecânica. Como condições operacionais do motor, sabe-se que ele opera à vazio (sem solicitação de carga) e que o mesmo se encontra sempre na região de torque proporcional a velocidade de escorregamento:

$$m_M = k\omega_2 = k(\omega_1 - \omega) = k\left(\frac{\omega_e}{P} - \omega\right)$$

em que ω_e é a frequência de alimentação proveniente do inversor (em rad/s) e P é o número de par de polos do estator da máquina.

Sobre os parâmetros do motor, são conhecidos:

1. Momento de inércia: $J = 100$ kg.m^2
2. Número de par de polos: $P = 2$ (máquina de 4 polos)
3. Ganho de torque em relação à velocidade de escorregamento: $k = 25$ N.m.s/rad
4. Região linear de operação: -20 rad/s $< \omega_2 <$ 20 rad/s

Este motor, no instante $t = 0$ s, é submetido a uma frenagem regenerativa, promovida pela redução da frequência de alimentação do inversor segundo a relação

$$\omega_e = \omega_{e0}\left(1 - \frac{t}{t_f}\right),$$

em que $\omega_{e_0} = 120\pi$ é a frequência de alimentação inicial e $t_f = 60$ s é o instante de tempo em que $\omega_e = 0$. Assim, faça o que se pede:

a) Trace a curva de velocidade (ω) em função do tempo.

b) Trace a curva de velocidade de escorregamento (ω_2) em função do tempo.

c) A partir dos resultados obtidos nos itens anteriores, descreva qual pode ser o principal problema ocasionado por um t_f muito pequeno e determine qual o valor mínimo de t_f para que o sistema se comporte como previsto.

Exercício 5

Para facilitar o armazenamento de energia em momento de pico de produção de uma planta solar e eólica, para complementar a demanda energética quando a produção está baixa perto de uma cidade, um trasporte chamado ARES (Advanced Rail Energy Storage) foi criado. Este transporte sobre trilhos utiliza pedras, que são levadas ao topo de um morro com a energia extra gerada pela planta, para armazenar energia potencial gravitacional. Quando necessário, o transporte utiliza frenagem regenerativa para que, ao descer o morro, a energia potencial se transforme novamente em energia elétrica e assim abastecer a cidade.

Considerando o sistema apresentado e admitindo que:

1. O sistema emprega motores de indução alimentados por inversores eletrônicos.
2. A rampa do morro tem declividade constante.
3. A transferência de potência entre o veículo e a rede, por questões de facilidade operacional do sistema elétrico, deve ser constante durante a maior parte do percurso, exceto no início e no final do deslocamento.

Pergunta-se:

- Como garantir, de forma simples, uma transferência de potência constante?
- Existe um limite máximo de força de frenagem? O que limita este valor?

SOLUÇÕES

7.1 Exercício 1

O fluxo (ϕ) é proporcional à corrente.

$$\phi = \frac{\mu_0 A N}{g} i$$

Por outro lado,

$$v = L\frac{di}{dt} \qquad em \quad que \quad L = N^2 \frac{\mu_0 A}{g}$$

Tomando $v = \sqrt{2}V\cos(\omega.)$, tem-se:

$$\boxed{i = \frac{\sqrt{2}}{L}\frac{V}{\omega}\sin(\omega t)}$$

Isto mostra que a amplitude da corrente e, portanto, a amplitude do fluxo serão mantidas constantes se a razão V/ω for constante. Este exercício permite entender a motivação da técnica V/f no controle dos motores elétricos.

7.2 Exercício 2

a) A solução encontra-se na Figura 7.3.

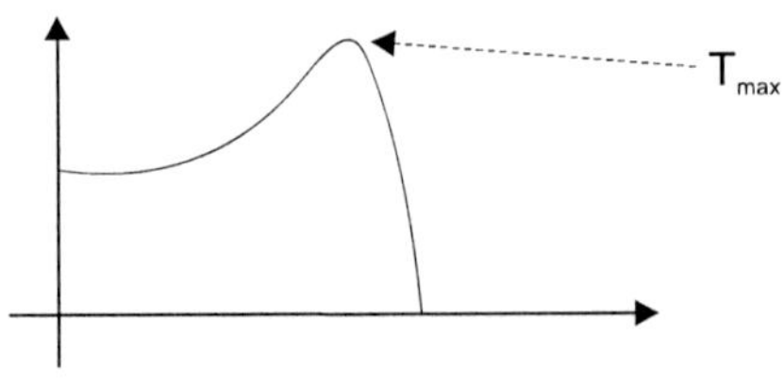

Figura 7.3: Torque máximo

b) Não há risco de saturação pois o fluxo cai pela metade.
O torque máximo cai para 1/4 do valor anterior.
Ele é proporcional a $(V/n)^2$.
A velocidade em vazio continua a mesma.

c) O fluxo no entreferro depende, em uma primeira aproximação, da razão V/n e ficará constante.

O valor máximo do torque também não se alterará.

A velocidade em vazio cai pela metade.

d) A solução encontra-se na Figura 7.4.

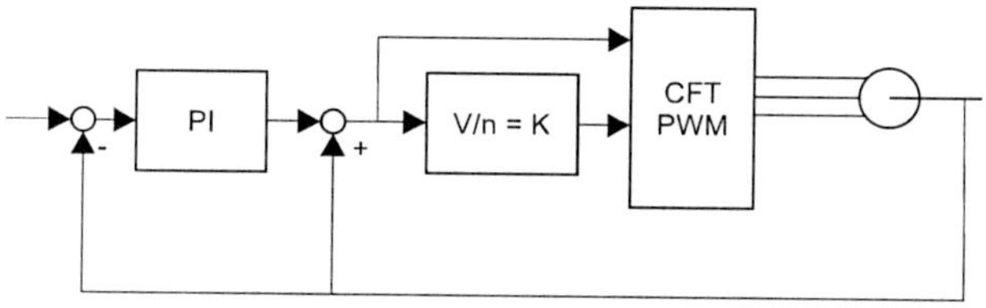

Figura 7.4: Controle escalar de MI

7.3 Exercício 3

a)

$$J = \frac{1000.1^2}{50^2} = 0,4kg.m`2$$

b) Para controlar o elevador pode ser utilizado uma malha semelhante à apresentada na Figura 7.5 com o acréscimo de um algoritmo de anti-windup, devido ao limitador que vem após um regulador com característica integral.

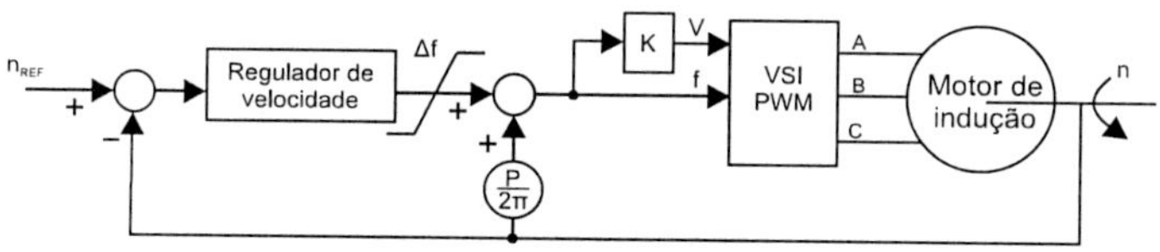

Figura 7.5: Controle escalar do MI com imposição de corrente.

c) O esboço do projeto encontra-se na Figura 7.6

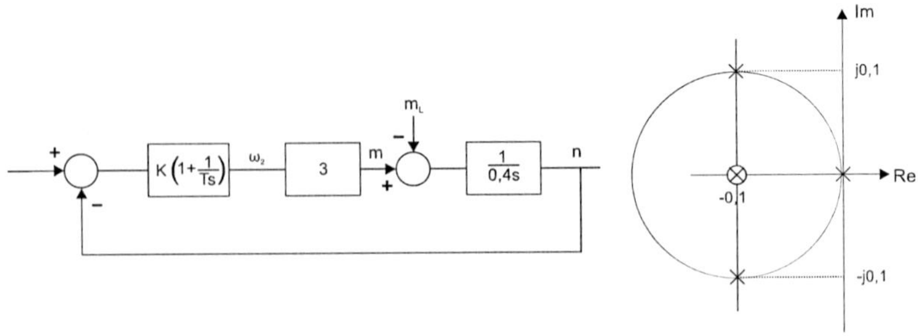

Figura 7.6: Projeto do controle de velocidade

Cálculo da razão V/ω:

$$\frac{V}{\omega} = k = \frac{380}{377} \simeq 1$$

Do enunciado, a linearização (ganho de torque em relação à velocidade escorregamento) do motor trifásico em torno da velocidade síncrona:

$$\frac{m}{\omega_2} = 3$$

O tempo de assentamento é dado por:

$$t_a = 46seg \rightarrow \tau = \frac{46}{4,6} = 10seg$$

Os polos do sistema à malha fechada estão situados em $-0,1 \pm 0,1j$

$$G_{MF} = \frac{3K(1+Ts)}{3K(1+Ts)+0,4Ts^2} = \frac{N(s)}{(s+0,1+0,1j)(s+0,1-0,1j)}$$

Igualando-se os coeficientes dos denominadores, vem:

$$\frac{3K}{0,4} = 0,2 \rightarrow K = \frac{0,08}{3}$$
$$\frac{3.0,08}{0,4T.3} = 0,02 \rightarrow T = 10seg$$

d) Não, pois a saída do regulador é a entrada de um circuito chaveado.

e)

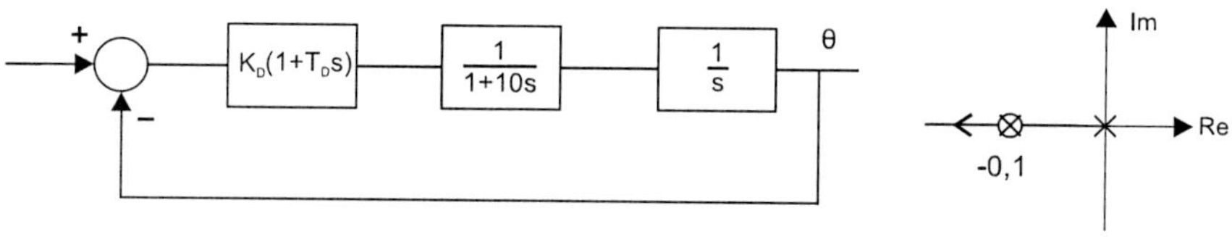

Figura 7.7: Projeto do controle de posição

Para não haver sobrepasso, T_D deve ser escolhido de forma a cancelar o polo em -0,1.

$$G_{MF} = \frac{K_d}{K_d + s}$$

$$t_a = 23seg \rightarrow \tau = \frac{23}{4,6} = 5seg$$

Para tal, a escolha deve ser $K_d = 0,2$.

7.4 Exercício 4

a) Inicialmente, como o sistema encontra-se em regime permanente até o instante $t = 0^-$ s e não há solicitação de carga, a velocidade inicial é $\omega(0) = \frac{w_{e_0}}{P}$. Isso se deve à equação mecânica que rege o sistema, que é dada simplesmente por:

$$m_M = J\frac{d\omega}{dt}$$

Como o motor está operando na região linear, pode-se substituir m_M pela expressão de torque apresentada no enunciado:

$$k\left(\frac{\omega_e}{P} - \omega\right) = J\frac{d\omega}{dt} \quad \Longrightarrow \quad k\omega_e = JP\frac{d\omega}{dt} + kP\omega$$

Substituindo ainda a expressão da frequência imposta pelo inversor durante a frenagem regenerativa, obtém-se:

$$JP\frac{d\omega}{dt}+kP\omega=k\omega_{e0}\left(1-\frac{t}{t_f}\right) \implies \frac{d\omega}{dt}+\frac{k}{J}\omega=\frac{k\omega_{e0}}{JP}-t\frac{k\omega_{e0}}{JPt_f}$$

Esta equação diferencial de primeira ordem tem como solução geral a soma de uma solução particular com uma solução homogênea.

$$\omega(t)=\omega_h(t)+\omega_p(t)$$

A parcela homogênea, dada por

$$\frac{d\omega_h}{dt}+\frac{k}{J}\omega_h=0,$$

tem como solução

$$\omega_h(t)=Ce^{-\frac{k}{J}t},$$

em que C é uma constante a ser determinada a partir das condições iniciais.

Já a solução particular tem a mesma forma da excitação. Ajustando os parâmetros, chega-se a:

$$\omega_p(t)=\frac{\omega_{e0}}{P}-\frac{\omega_{e0}}{Pt_f}\left(t-\frac{J}{k}\right)$$

Portanto, a solução geral apresenta a forma:

$$\omega(t)=\frac{\omega_{e0}}{P}-\frac{\omega_{e0}}{Pt_f}\left(t-\frac{J}{k}\right)+Ce^{-\frac{k}{J}t}$$

Agora, para calcular a constante C, basta utilizar a condição inicial $\omega(0)=\frac{w_{e0}}{P}$, obtendo então:

$$\frac{w_{e0}}{P}=\frac{\omega_{e0}}{P}+\frac{\omega_{e0}}{Pt_f}\frac{J}{k}+Ce^0 \implies C=-\frac{J\omega_{e0}}{kPt_f}$$

Desta forma, a solução do problema é dada por:

$$\boxed{\omega(t)=\frac{\omega_{e0}}{P}-\frac{\omega_{e0}}{Pt_f}\left(t-\frac{J}{k}\right)-\frac{J\omega_{e0}}{kPt_f}e^{-\frac{k}{J}t}}$$

O gráfico desta função está apresentado na Figura 7.8.

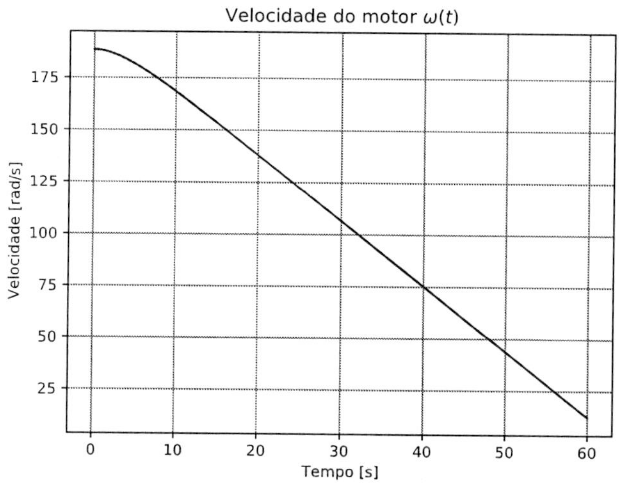

Figura 7.8: Velocidade do motor durante a frenagem regenerativa

b) A velocidade de escorregamento ω_2 é definida como:

$$\omega_2 = \omega_1 - \omega = \frac{\omega_e}{P} - \omega$$

Substituindo as expressões já conhecidas de ω_e e ω, obtêm-se:

$$\omega_2(t) = \frac{\omega_{e0}\left(1 - \dfrac{t}{t_f}\right)}{P} - \frac{\omega_{e0}}{P} - \frac{\omega_{e0}}{Pt_f}\left(t - \frac{J}{k}\right) - \frac{J\omega_{e0}}{kPt_f}e^{-\frac{k}{J}t}$$

$$\boxed{\omega_2(t) = \frac{J\omega_{e0}}{kPt_f}\left(e^{-\frac{k}{J}t} - 1\right)}$$

O gráfico desta função é apresentado na Figura 7.9.

c) Como pode ser visto da expressão de $\omega_2(t)$ obtida no item anterior, a velocidade de escorregamento se comporta como a resposta ao degrau de um sistema de primeira ordem, cujo o valor (em módulo) de regime permanente é dado por:

$$|\omega_2(+\infty)| = \frac{J\omega_{e0}}{kPt_f}$$

Ou seja, o valor assumido por ω_2 durante a frenagem regenerativa é inversamente proporcional ao tempo de frenagem t_f. Isto implica que a

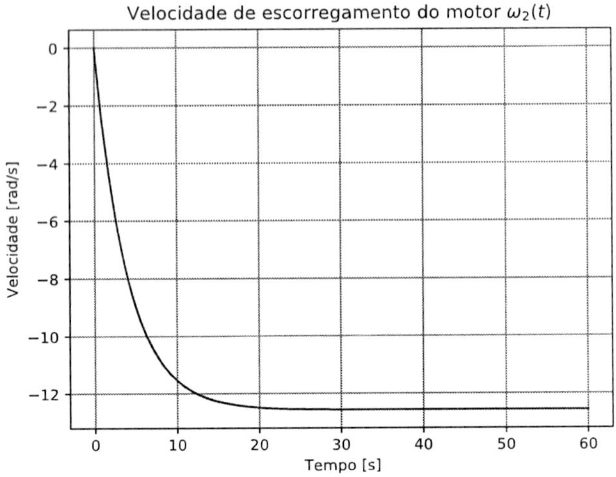

Figura 7.9: Velocidade de escorregamento do motor durante a frenagem regenerativa

escolha de um tempo de frenagem muito pequeno resulta em um ω_2 (em módulo) muito grande, o que pode resultar em um destes dois potenciais problemas:

1. O escorregamento ultrapassar a região de operação linear do motor, fazendo com que $m_M = k\omega_2$ não seja mais válido e a dinâmica do sistema não se comporte mais conforme as equações descritas ao longo deste exercício.
2. O escorregamento não somente ultrapassar a região de operação linear, mas também ultrapassar o torque máximo do motor, ocasionando em uma desestabilização do sistema e perda do controle do motor.

Por conta destes motivos apontados, é desejado que a escolha de t_f garanta que o motor não vai sair desta região de operação linear. O mínimo valor de t_f é então aquele que faz com que ω_2 atinja o valor máximo dentro da região linear. Do enunciado, sabe-se que neste motor a região de operação linear é entre -20 rad/s e 20 rad/s. Ou seja, $\omega_{2_{max}} = 20$ rad/s. Assim:

$$\omega_{2_{max}} = \frac{J\omega_{e_0}}{kPt_{f_{min}}} \implies \boxed{t_{f_{min}} = \frac{J\omega_{e_0}}{kP\omega_{2_{max}}} = 37.7 \text{ s}}$$

7.5 Exercício 5

Para transferência de potência constante a velocidade de escorregamento deve ser constante e positiva (i.e. velocidade superior à velocidade síncrona). Como a rampa possui declividade constante, fica garantida também velocidade e potência constantes.

O valor máximo de força de frenagem correspondente ao ponto de torque máximo do motor de indução. Esse valor depende do coeficiente de dispersão como ensina na Eq.(10.89) do Livro-Texto, condição ilustrada na Fig.(10.13) do Livro-Texto.

Capítulo 8

Controle Vetorial do Motor de Indução Sec. 12.2 do Livro-Texto

Os exercícios deste capítulo são relativos ao controle vetorial de motores de indução. Este método de controle parte do modelo dinâmico de máquinas CA apresentado no Livro-Texto em seu Capítulo 10. Os exercícios propostos cobrem o conteúdo da Seção 12.2 do Livro-Texto

Exercício 1

No controle vetorial do motor de indução (MI), para obter o ângulo ρ do fluxo do rotor (fundamental para realizar as transformações de coordenadas) e as demais grandezas do modelo nas coordenadas do fluxo do rotor é preciso se valer de um modelo matemático do MI. Este modelo, que é apresentado nas Equações 12.27, 12.33 e 12.24 do Livro-Texto, atua como um observador de estados não linear. A fim de constatar a convergência das variáveis deste modelo, faça a simulação do MI no referencial do fluxo enlaçado pelo rotor com imposição de correntes de estator, conforme o diagrama de blocos apresentado na Fig. 12.12 do Livro-Texto

Para realizar a simulação, utilize um software de simulação de modelos dinâmicos, como Simulink, OpenModelica ou Wolfram System Modeler. Considere os seguintes parâmetros do modelo:

- Constante de tempo rotórica: $T_R = 100$ ms
- Momento de inércia: $J = 0.5$ kg.m^2
- Coeficiente de atrito viscoso: $B = 1$ N.s
- Constante de torque: $k = \dfrac{2}{3}(1-\sigma)L_S = 0.23$

Alimente o modelo com correntes i_{S1}, i_{S2} e i_{S3} que sejam senoidais de amplitude 70 A, simétricas e equilibradas. Inicie sua simulação com o motor em vazio e depois de 5 segundos acrescente uma carga de 15 N.m. Plote os resultados de velocidade e torque do motor.

Exercício 2

Mostre que a equação de torque instantâneo apresentada na Equação 10.48 do Livro-Texto, quando aplicada a um motor de indução alimentado por correntes no estator, sob o referencial do fluxo do rotor ela se reduz a uma expressão com a mesma estrutura da expressão de torque em um motor CC.

Exercício 3

Para o controle vetorial de um motor de indução com referencial dado pelo fluxo enlaçado pelo rotor, mostre que, se i_{Sd} é constante, então $\underline{i}_R e^{-j\epsilon}$ tem amplitude $i_{Sq}/(1+\sigma_R)$ e é perpendicular à $\underline{i}_{mR}$. Conclua que as correntes no rotor só dependem de i_{Sq}.

Exercício 4

No chamado controle vetorial indireto (IND-FOC) de motores de indução, as correntes i_{sd} e i_{sq} do observador de fluxo, apresentado na Figura 8.1, são substituídas pelos valores de referência i_{sdREF} e i_{sqREF}. Assim, as medidas de corrente não são necessárias nos cálculos do observador. Ganha-se em simplicidade, mas, em contrapartida, o observador passa a ser um circuito em malha aberta, sujeito a maiores desvios.

Compare o esquema de controle vetorial IND-FOC com o esquema de controle escalar com imposição de corrente (SC) proposto na Figura 8.2

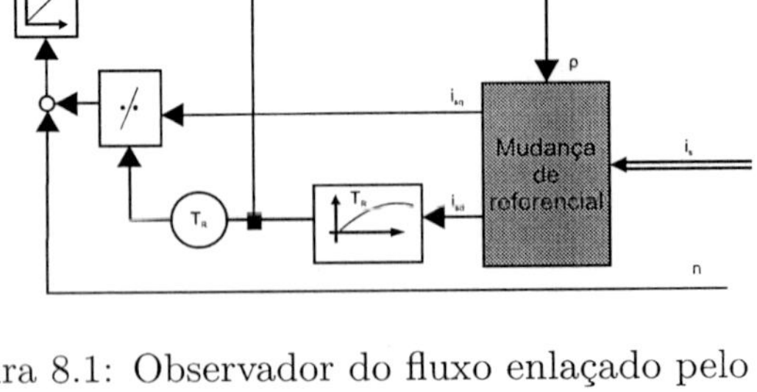

Figura 8.1: Observador do fluxo enlaçado pelo rotor

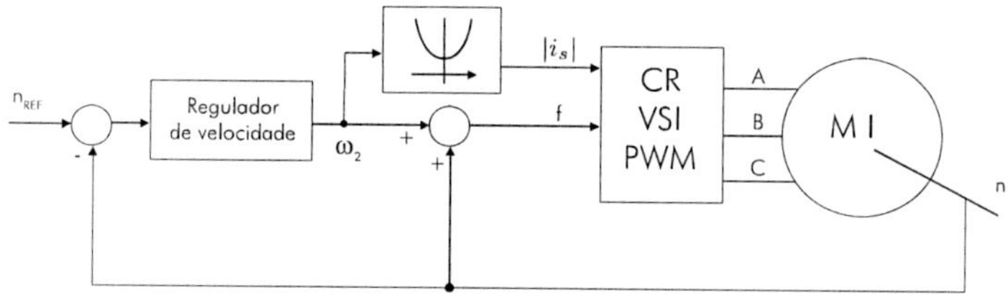

Figura 8.2: Controle escalar do MI com imposição de corrente

Exercício 5

Foi abordado nos capítulos sobre controle de máquinas CC do Livro-Texto algumas formas de utilizar o conceito de enfraquecimento de campo na malha de controle para conseguir alcançar velocidades mais altas que a nominal. No motor CC isto é realizado estabelecendo um malha de controle para a corrente de campo i_f e diminuindo a sua entrada de referência após o motor atingir a velocidade nominal.

a) Como este mesmo conceito pode ser aplicado para um motor de indução gaiola de esquilo com controle escalar?

b) Como este mesmo conceito pode ser aplicado para um motor de indução gaiola de esquilo descrito nas coordenadas do fluxo do rotor? Desenhe como ficaria a malha de controle vetorial com o acréscimo deste enfraquecimento de campo.

SOLUÇÕES

8.1 Exercício 1

O diagrama utilizado nesta simulação é apresentado na Figura 8.3. Ele apresenta uma pequena diferença em relação ao diagrama da Fig. 12.12 do Livro-Texto no que diz respeito à entrada do divisor. Isso porque, dependendo do software a ser utilizado na simulação, não é possível definir um valor inicial para i_{mR} que seja diferente de zero. Então para evitar que ocorra uma divisão por zero durante o primeiro passo de simulação, é necessário alterar o valor do denominador da divisão durante o primeiro passo de simulação (e somente durante ele) para um valor próximo mas diferente de zero. Em todos os passos seguintes não é necessário mais fazer essa correção numérica e o denominador passa a ser simplesmente o valor de i_{mR} multiplicado por T_R.

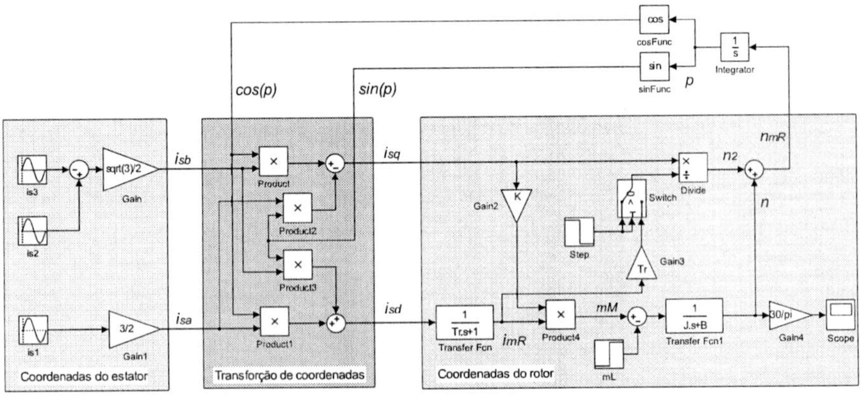

Figura 8.3: Diagrama SIMULINK do modelo do MI no referencial do fluxo do rotor

A simulação foi realizada utilizando um passo de 0.01 ms e os resultados são apresentados na Figura 8.4. Estes resultados mostram que de fato o modelo não linear converge e representa de fato os transientes da máquina. A convergência se deu em menos de 500 ms da simulação.

Obs: A curva de torque simulada apresenta um valor muito mais alto que os 15 N.m da carga, mas isso se deve ao fato de que o coeficiente de atrito viscoso é muito elevado, então boa parte do torque "se perde" mantendo o rotor em movimento na velocidade mostrada no gráfico.

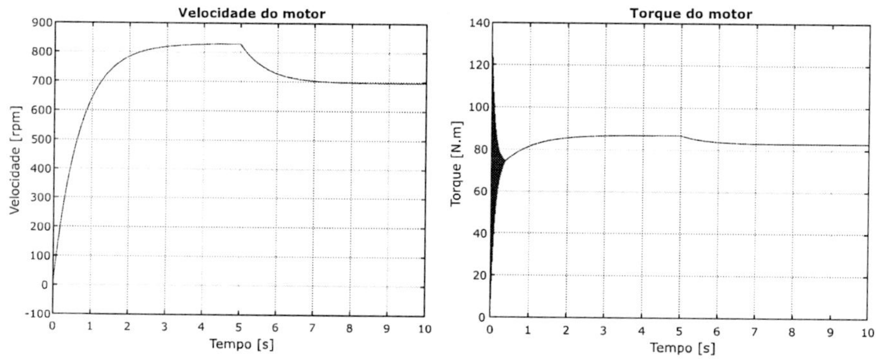

(a) Curva de velocidade do motor (b) Curva de torque do motor

Figura 8.4: Resultados da simulação

8.2 Exercício 2

A expressão de torque apresentada na Equação 10.48 do Livro-Texto é:

$$m_m = \frac{2}{3} L_0 \operatorname{Im}\left[\underline{i}_S \left(\underline{i}_R e^{j\epsilon}\right)^*\right]$$

Além disso, sabe-se da Equação 10.32 do Livro-Texto que

$$\underline{\psi}_R = L_R \underline{i}_R + L_0 \underline{i}_S e^{-j\epsilon} = L_0(1+\sigma_R)\underline{i}_R + L_0 \underline{i}_S e^{-j\epsilon}$$

Supondo então a existência de uma corrente fictícia que é responsável por "gerar"o fluxo do rotor, define-se então a corrente de magnetização do rotor i_{mR}, dada por:

$$\underline{\psi}_R = L_0 \underline{i}_{mR} e^{-j\epsilon} \quad \Longrightarrow \quad \underline{i}_{mR} = \underline{i}_S + (1+\sigma_R)\underline{i}_R e^{j\epsilon}$$

Desta definição, pode-se concluir com facilidade que:

$$\underline{i}_R e^{j\epsilon} = \frac{\underline{i}_{mR} - \underline{i}_S}{1+\sigma_R}$$

Substituindo este resultado na expressão de torque , obtém-se

$$m_M = \frac{2}{3} \frac{L_0}{(1+\sigma_R)} \operatorname{Im}\left[\underline{i}_S \left(\underline{i}_{mR} - \underline{i}_S\right)^*\right]$$

Como a multiplicação $\underline{i}_S \underline{i}_S^*$ resulta em um número real (que não contribui para a parte imaginária), o torque pode ser simplificado para:

$$m_M = \frac{2}{3}\frac{L_0}{(1+\sigma_R)}\mathrm{Im}\left[\underline{i}_S\, \underline{i}_{mR}^*\right]$$

Substituindo a corrente de magnetização pela sua forma polar $\underline{i}_{mR} = i_{mR}e^{j\rho}$, temos:

$$m_M = \frac{2}{3}\frac{L_0}{(1+\sigma_R)}\, i_{mR}\,\mathrm{Im}\left[\underline{i}_S\, e^{-j\rho}\right]$$

O produto resultante entre os complexos tem um resultado dado por $\underline{i}_S\, e^{-j\rho} = i_{Sd} + j i_{Sq}$. Na prática, como pode ser visto na Fig. 12.11 do Livro-Texto, estas componentes real e imaginária consistem em uma simples projeção do vetor $\underline{i}_S$ sobre o eixo do fluxo do rotor (uma mudança de coordenadas). Portanto, o torque é dado por:

$$\boxed{m_M = \frac{2}{3}\frac{L_0}{(1+\sigma_R)}\, i_{mR}\, i_{Sq} = k\, i_{mR}\, i_{Sq}}$$

Vemos que essa expressão final obtida tem a mesma estrutura da expressão de torque do motor CC, expresso por

$$m_M = \kappa\Phi i_a \implies m_M \propto \kappa i_f i_a$$

Comparando as duas expressões, i_{mR} faz o papel da corrente de campo i_f do motor CC, enquanto i_{Sq} faz o papel da corrente de armadura i_a.

8.3 Exercício 3

Da Equação 12.26 do Livro-Texto, sabe-se que:

$$\underline{i}_S\, e^{-j\rho} = i_{Sd} + j i_{Sq} \implies \underline{i}_S = i_{Sd}\, e^{j\rho} + j i_{Sq}\, e^{j\rho},$$

expressão esta que também pode ser obtida entendendo o conceito de que as componentes i_{Sd} e i_{Sq} são as projeções ortogonais de $\underline{i}_S$ sobre a direção $e^{j\rho}$ (direção do fluxo enlaçado pelo rotor).

Além disso, sabe-se da Equação 12.33 do Livro-Texto que se a componente i_{Sd} é imposta constante, então $i_{Sd} = i_{mR}$. Desta forma obtém-se:

$$\underline{i}_S = i_{mR}\, e^{j\rho} + j i_{Sq}\, e^{j\rho} \implies \underline{i}_S = \underline{i}_{mR} + i_{Sq}\, e^{j(\rho+\pi/2)}$$

Rearrumando a equação, obtêm-se com facilidade que:

$$\underline{i}_{mR} - \underline{i}_S = i_{Sq}\, e^{j(\rho-\pi/2)}$$

Por fim, da Equação 12.28 do Livro-Texto, sabe-se que:

$$\underline{i}_{mR} = \underline{i}_S + (1+\sigma_R)\underline{i}_R\, e^{j\epsilon} \implies \underline{i}_R\, e^{j\epsilon} = \frac{1}{1+\sigma_R}(\underline{i}_{mR} - \underline{i}_S)$$

Substituindo a diferença de correntes na equação, conclui-se:

$$\boxed{\underline{i}_R\, e^{j\epsilon} = \frac{i_{Sq}}{1+\sigma_R}\, e^{j(\rho-\pi/2)}}$$

Nesta expressão vemos que as correntes do rotor, quando i_{Sd} é constante, dependem unicamente da componente i_{Sq} para sua determinação. Além disso, como a fase do fluxo do rotor é ρ, percebe-se que há um atraso de 90° entre as correntes rotóricas ($\underline{i}_R\, e^{j\epsilon}$) e o fluxo enlaçado pelo rotor ($\underline{i}_{mR}$).

8.4 Exercício 4

O controle IND-FOC, admitindo i_{sdREF} constante, fica reduzido ao diagrama de blocos da Figura 8.5, uma vez que o observador de fluxo não depende mais das correntes medidas.

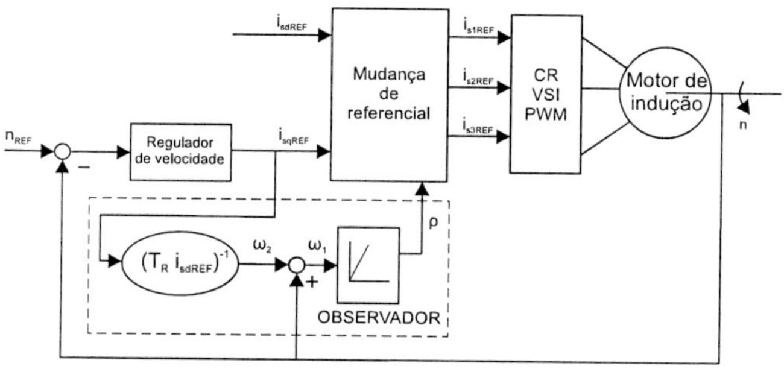

Figura 8.5: Diagrama do controle vetorial indireto

Mas

$$|i_s| = \sqrt{i^2_{sdREF} + i^2_{sqREF}} = i_{sdREF}\sqrt{1+(\frac{i_{sqREF}}{i_{sdREF}})^2} = i_{sdREF}\sqrt{1+(\omega_2 T_R)^2}$$

Com i_{sdREF} tomada como a corrente de magnetização do motor ($\underline{i}_{mR}$), ou seja, a corrente a vazio, constata-se que o esquema acima e o da Figura 8.2 são praticamente idênticos. A diferença está simplesmente no fato do controle vetorial indireto não cuidar apenas do módulo e da frequência da corrente, mas também da sua posição (ângulo). O efeito desta alteração é significativo no tempo de atraso até o início da variação da rotação do eixo, como pode ser observado de resultados experimentais apresentados na Figura 8.6. Este atraso pode ser até 15 vezes maior no controle escalar do que no controle IND-FOC.

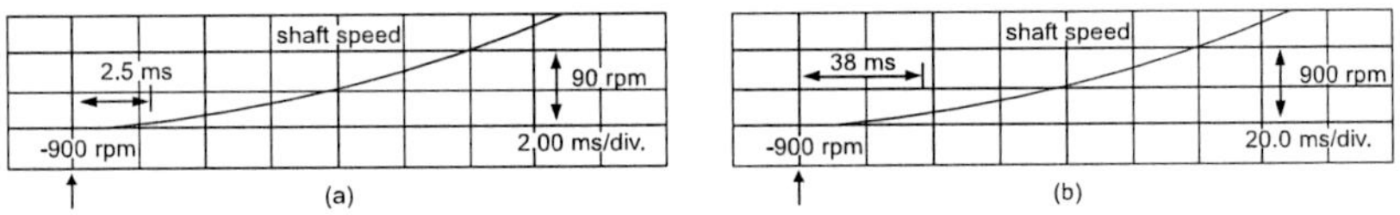

Figura 8.6: Resposta de velocidade para uma variação em degrau do sinal de referência. Motor de indução trifásico de 1.5 kW sem carga. (a) controle vetorial indireto (IND-FOC): escala horizontal de 2 ms/div. (b) controle escalar com imposição de corrente: escala horizontal 20 ms/div. Obs: a seta indica o instante de aplicação da variação da referência

8.5 Exercício 5

a) Sob o ponto de vista do controle escalar, não existe como excitar de forma independente o campo de um motor de indução. Entretanto, como foi mostrado no exercício 7.1, a amplitude do fluxo está intimamente relacionada à razão $\frac{V}{f}$. Mantendo esta razão constante e igual a razão entre a tensão nominal e a frequência nominal do motor, pode-se obter um deslocamento da curva de torque para velocidades inferiores à velocidade síncrona, o que é a base do controle escalar.

Entretanto, ao ultrapassar a frequência nominal não é possível mais aumentar a tensão de forma a manter a razão constante, uma vez que a tensão nominal do motor já foi atingida. Por este motivo, a razão $\frac{V}{f}$ diminui, o que diminui também a amplitude do fluxo. Com isso, a curva de torque se altera e, assim como no motor CC, permite que o motor de indução atinja velocidades acima da velocidade nominal, mas com uma perda de capacidade no torque máximo. Este efeito do enfraquecimento de campo pode ser observado nas curvas de torque de um motor gaiola de esquilo que foram plotadas na Figura 8.7.

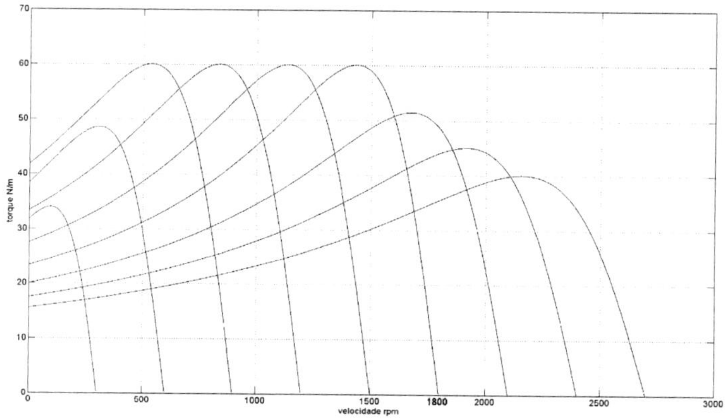

Figura 8.7: Curvas de torque de um motor de indução gaiola de esquilo para diferentes alimentações com V/f constante até a frequência síncrona e com enfraquecimento de campo para frequências sobre-síncronas

b) Como é descrito ao longo da Seção 12.2 do Livro-Texto, um motor de indução gaiola de esquilo sob o referencial de coordenadas do fluxo do rotor possui um equacionamento semelhante ao de um motor CC. Notadamente, como abordado no exercício 8.2, a Equação 12.27 do Livro-Texto mostra que o torque de um motor de indução depende de uma constante, da corrente i_{mR} (que exerce o papel da corrente de campo em um motor CC) e da corrente i_{Sq} (que exerce o papel da corrente de armadura de um motor CC), sendo descrito por:

$$m_M = k i_{mR} i_{Sq}$$

Neste sentido, ao diminuir o valor de i_{mR} é necessário um aumento de i_{Sq} para alcançar o mesmo valor de torque do motor. Sendo que, da Equação 12.34 do Livro-Texto, sabe-se que i_{Sq} é diretamente proporcional à velocidade de escorregamento do motor. Portanto, o conceito de enfraquecimento de campo para alcançar velocidades maiores que a nominal é aqui utilizado diminuindo, proporcionalmente à velocidade, a referência da corrente de magnetização i_{mR} quando a velocidade do motor precisa ultrapassar a velocidade nominal. Também de forma semelhante ao que acontece no motor CC, ao operar o motor neta região de campo enfraquecido, o torque máximo que pode ser desenvolvido pelo motor diminui.

Na malha de controle vetorial, isto se traduz conforme é apresentado na Figura 8.8

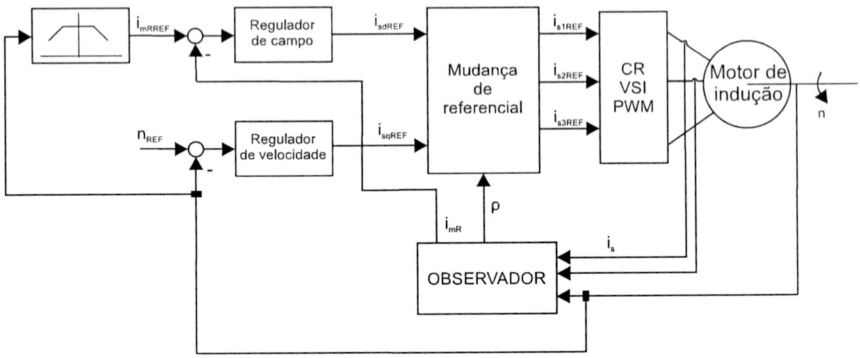

Figura 8.8: Diagrama do controle vetorial com enfraquecimento campo

Capítulo 9

Controle de Motores de Indução de Dupla Alimentação - Cap. 13 do Livro-Texto

Neste Capítulo, são propostos exercícios sobre Motores de Indução de Dupla Alimentação para cobrir o conteúdo do Cap. 13 do Livro-Texto que tem como título "Motores de Indução com Reduzida Variação de Velocidade".

Exercício 1

As seguintes informações foram tiradas de artigo publicado na revista IEEE Proc. Electr. Power Appl., Vol. 146, no.6, Nov 1999 e trata do Motor de Indução em Cascata de Dupla Alimentação sem Escovas, que aqui é chamado de CDFM.

Stator flux oriented control of a cascaded doubly-fed induction machine

B.Hopfensperger, D.J.Atkinson and R.A.Lakin

Abstract: A cascaded doubly-fed induction machine (CDFM) is a connection of two wound rotor induction machines. In comparison to a single doubly-fed induction machine (SDFM) brushes are obsolete. Due to recent developments in brushless doubly-fed machine design, there is a renewed interest in associated control. Theoretical and experimental studies of a stator flux oriented control method for a CDFM are presented. The use of vector control principles to control torque, speed, active and reactive power is investigated. It is found that the additional closed rotor circuit of the CDFM introduces a cross coupling between the d-axis and the q-axis. Nevertheless, the cross coupling effect remains small in relation to the overall control concept so that the control of the CDFM resembles that of the SDFM.

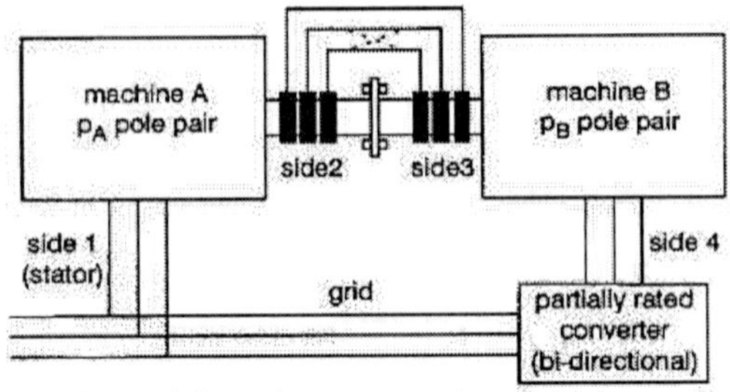

Fig. 1 *CDFM machine arrangement*

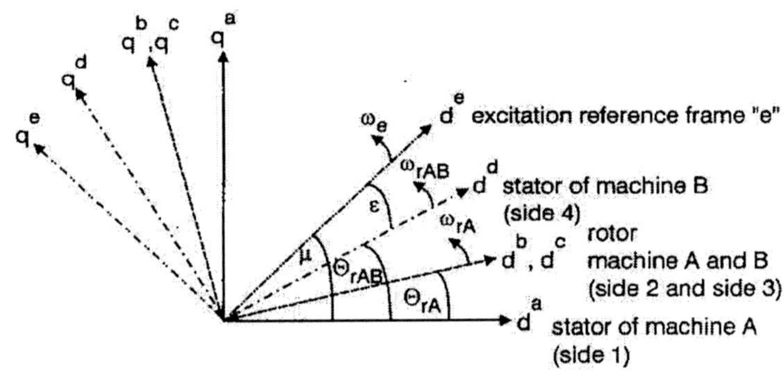

Fig. 4 *Reference frames and angles for the CDFM*

$$\mathbf{v}_1^a = R_1\mathbf{i}_1^a + \frac{d\mathbf{\Psi}_1^a}{dt} \quad \text{and} \quad \mathbf{\Psi}_1^a = L_1\mathbf{i}_1^a + L_{mA}\mathbf{i}_2^a \quad (2)$$

$$\mathbf{v}_2^b = R_2\mathbf{i}_2^b + \frac{d\mathbf{\Psi}_2^b}{dt} \quad \text{and} \quad \mathbf{\Psi}_2^b = L_2\mathbf{i}_2^b + L_{mA}\mathbf{i}_1^b \quad (3)$$

$$\mathbf{v}_3^c = R_3\mathbf{i}_3^c + \frac{d\mathbf{\Psi}_3^c}{dt} \quad \text{and} \quad \mathbf{\Psi}_3^c = L_3\mathbf{i}_3^c + L_{mB}\mathbf{i}_4^c \quad (4)$$

$$\mathbf{v}_4^d = R_4\mathbf{i}_4^d + \frac{d\mathbf{\Psi}_4^d}{dt} \quad \text{and} \quad \mathbf{\Psi}_4^d = L_4\mathbf{i}_4^d + L_{mB}\mathbf{i}_3^d \quad (5)$$

Note que:

1. A notação do artigo indica com uma letra sobre escrita o referencial, sendo assim mais formal que nosso Livro-Texto.
2. Os referenciais para os lados 2 e 3 são os mesmos (b=c, posição θ_{rA}).

3. O referencial do lado 4 encontra-se em uma posição θ_{rAB} em relação ao referencial do lado 1, ainda que os lados 1 e 4 sejam fisicamente estacionários ("Ovo de Colombo" dos autores).

a) Mostre que as equações acima podem ser entendidas diretamente das Equações (10.25), (10.32), (10.35) e (10.41) do Livro-Texto. Comente principalmente o aspecto do referencial adotado.

b) Fazendo $\mathbf{v}_2 = \mathbf{v}_3$ e $\mathbf{i}_2 = -\mathbf{i}_3$, combine as Equações (3) e (4) em uma única equação diferencial no referencial "b" de tal modo que só constem correntes como variáveis. Escreva esta equação.

c) Considere ainda imposição da corrente de estator da máquina B (i.e. $\mathbf{i}_4$). Com isto, a Eq.(5) não precisa ser considerada no modelo. Agora a Equação (2), no referencial "a", e o resultado do item anterior, no referencial "b", permitem representar a CDFM com duas equações diferenciais em função apenas de tensões e correntes. Escreva estas equações.

d) Escreva as duas equações do item anterior no referencial genérico "e" (excitation reference frame), indicado na figura anterior como estando na posição μ em relação ao referencial "a" e na posição $(\mu - \Theta_{rA})$ em relação ao referencial "b". Ou seja, neste modelo, só existem variáveis com o sobre-índice "e".
Obs: Você não precisa expandir as derivadas.

e) Expanda a derivada em relação ao tempo de $(\mathbf{i}_1^e\, e^{j\mu})$, lembrando que $\dfrac{d\mu}{dt} = \omega_e$.

f) Observando os resultados dos itens anteriores, em especial do item "c", explique por que o controle da CDFM, com imposição da corrente $\mathbf{i}_4$, fica mais complicado do que o controle do motor de indução de dupla alimentação com imposição da corrente de rotor, estudado na seção 13.1 do Livro-Texto.

Exercício 2

Considere um motor de indução de rotor bobinado com um banco de resistores conectados ao rotor. A resistência equivalente fase neutro desse banco vale R. Desprezando a resistência e a indutância de dispersão do estator, bem como considerando R muito maior do que a resistência rotórica r, demonstre que:

$$\frac{P_1}{f_1} = \frac{P_2}{f_2} \qquad (9.1)$$

P_1, f_1 são a potência entregue no estator e a frequência das correntes do estator.
P_2, f_2 são a potência dissipada em R e a frequência das correntes circulantes no rotor.

Exercício 3

Demonstre que para uma Máquina de Indução de Dupla Alimentação (MIDA), sem perdas, vale a mesma relação do exercício anterior.

Exercício 4

Considere um Gerador de Indução de Dupla Alimentação de três pares de polos. O estator está conectado a uma rede de 60 Hz e o rotor a um conversor VSI-PWM (back-to-back) operando a 24 Hz. A máquina trabalha na região subsíncrona e é acionada por uma turbina eólica que fornece $P_m = 373\,\text{kW}$. A turbina está conectada ao eixo do motor através de uma transmissão mecânica (G), que aumenta a velocidade de rotação, como sugere a Figura 9.1.

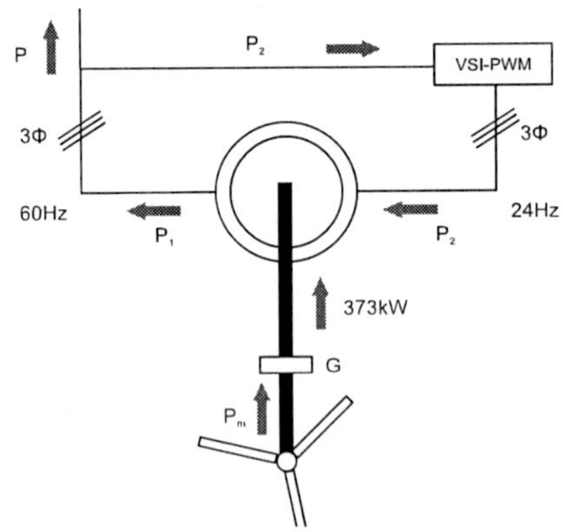

Figura 9.1: Sistema de geração eólica com Motor de Indução de Dupla Alimentação

a) Calcule a velocidade de rotação subsíncrona da máquina em rpm.
b) Determine os valores de P, P_1 e P_2 indicados na figura, admitindo que as perdas nas engrenagens, no conversor eletrônico e nas resistências de estator e de rotor do motor sejam desprezíveis.
c) Se a velocidade de rotação fosse supersíncrona, quais as respostas dos itens anteriores?

SOLUÇÕES

9.1 Exercício 1

a) As 8 oito equações mostradas no enunciado correspondem exatamente às Equações 10.25, 10.32, 10.35 e 10.41 do Livro-Texto de forma duplicada (pois são duas as máquinas que fazem parte da CDFM) e cada uma com um único referencial. Vejamos por exemplo a Equação 10.25 do Livro-Texto, de onde obtemos diretamente:

$$\psi_1^a = L_1 \mathbf{i}_1^a + L_{mA} \mathbf{i}_2^b \, e^{j\epsilon_A} \qquad \text{e} \qquad \psi_4^d = L_4 \mathbf{i}_4^d + L_{mB} \mathbf{i}_3^c \, e^{j\epsilon_B}$$

Observe que nas equações do Livro-Texto os referenciais se misturam em uma mesma equação, sendo utilizado o fator de rotação $e^{j\epsilon}$. Isso porque no Livro-Texto, como abordado no Capítulo de Introdução deste livro de exercícios, não é utilizada esta notação com o referencial sobrescrito, então torna-se necessário adotar um referencial padrão para cada variável. No caso do Livro-Texto, o referencial adotado para cada variável é o mesmo que o do subíndice. Neste caso, a rotação $e^{j\epsilon}$ serve justamente como a mudança de referencial, em que $\mathbf{i}_2^a = \mathbf{i}_2^b \, e^{j\epsilon_A}$ e $\mathbf{i}_3^d = \mathbf{i}_3^c \, e^{j\epsilon_B}$. Portanto, realizando estas substituições, obtém-se as equações apresentadas no artigo:

$$\boxed{\psi_1^a = L_1 \mathbf{i}_1^a + L_{mA} \mathbf{i}_2^a \qquad \text{e} \qquad \psi_4^d = L_4 \mathbf{i}_4^d + L_{mB} \mathbf{i}_3^d}$$

Este mesmo processo de mudança de referencial é realizado em todas as equações do Livro-Texto que apresentam referenciais distintos na mesma expressão, simplificando todas elas para a forma que são apresentadas no artigo e no enunciado do exercício.

b) Como os referenciais "b"e "c"são coincidentes (os dois rotores sempre giram juntos) é possível trocar um referencial pelo outro de forma indistinta. Assim, obtêm-se das Equações (3) e (4) que:

$$\mathbf{v}_2^b = R_2 \mathbf{i}_2^b + L_2 \frac{d\mathbf{i}_2^b}{dt} + L_{mA} \frac{d\mathbf{i}_1^b}{dt} \qquad \text{e} \qquad \mathbf{v}_3^b = R_3 \mathbf{i}_3^b + L_3 \frac{d\mathbf{i}_3^b}{dt} + L_{mB} \frac{d\mathbf{i}_4^b}{dt}$$

Fazendo $\mathbf{v}_2 = \mathbf{v}_3$, as duas equações se reduzem a uma única equação:

$$R_2\mathbf{i}_2^b + L_2\frac{d\mathbf{i}_2^b}{dt} + L_{mA}\frac{d\mathbf{i}_1^b}{dt} = R_3\mathbf{i}_3^b + L_3\frac{d\mathbf{i}_3^b}{dt} + L_{mB}\frac{d\mathbf{i}_4^b}{dt}$$

Substituindo então $\mathbf{i}_3 = -\mathbf{i}_2$ obtêm-se uma equação diferencial única em que todas as corrente estão referenciadas ao rotor da máquina A (referencial "b"):

$$\boxed{(R_2 + R_3)\,\mathbf{i}_2^b + (L_2 + L_3)\,\frac{d\mathbf{i}_2^b}{dt} + L_{mA}\frac{d\mathbf{i}_1^b}{dt} = L_{mB}\frac{d\mathbf{i}_4^b}{dt}}$$

c) As duas equações que descrevem o CDFM são, da Equação (2),

$$\boxed{\mathbf{v}_1^a = R_1\mathbf{i}_1^a + L_1\frac{d\mathbf{i}_1^a}{dt} + L_{mA}\frac{d\mathbf{i}_2^a}{dt}}$$

e, da equação obtida no item anterior,

$$\boxed{(R_2 + R_3)\,\mathbf{i}_2^b + (L_2 + L_3)\,\frac{d\mathbf{i}_2^b}{dt} + L_{mA}\frac{d\mathbf{i}_1^b}{dt} = L_{mB}\frac{d\mathbf{i}_4^b}{dt}}$$

d) Para realizar esta mudança de referencial, basta rotacionar todas as variáveis. Para as variáveis com referência em "a"deve-se rotacionar de um ângulo μ, como em $\mathbf{i}_1^a = \mathbf{i}_1^e\,e^{j\mu}$. Já as variáveis com referência em "b"deve-se rotacionar de um ângulo $(\mu - \Theta_{rA})$, como em $\mathbf{i}_2^b = \mathbf{i}_2^e\,e^{j(\mu-\Theta_{rA})}$. Assim, obtêm-se as duas equações:

$$R_1\mathbf{i}_1^e\,e^{j\mu} + L_1\frac{d}{dt}\left(\mathbf{i}_1^e\,e^{j\mu}\right) + L_{mA}\frac{d}{dt}\left(\mathbf{i}_2^e\,e^{j\mu}\right) = \mathbf{v}_1^e\,e^{j\mu}$$

$$(R_2 + R_3)\,\mathbf{i}_2^e\,e^{j\alpha} + (L_2 + L_3)\,\frac{d}{dt}\left(\mathbf{i}_2^e\,e^{j\alpha}\right) + L_{mA}\frac{d}{dt}\left(\mathbf{i}_1^e\,e^{j\alpha}\right) = L_{mB}\frac{d}{dt}\left(\mathbf{i}_4^e\,e^{j\alpha}\right)$$

$$\alpha = \mu - \Theta_{rA}$$

e) Para expandir esta derivada é necessário utilizar primeiramente a regra do produto, de forma que:

$$\frac{d}{dt}\left(\mathbf{i}_1^e\, e^{j\mu}\right) = \frac{d\mathbf{i}_1^e}{dt}\, e^{j\mu} + \mathbf{i}_1^e\, \frac{d}{dt}\left(e^{j\mu}\right)$$

Em seguida, pela regra da cadeia, obtém-se:

$$\frac{d}{dt}\left(\mathbf{i}_1^e\, e^{j\mu}\right) = \frac{d\mathbf{i}_1^e}{dt}\, e^{j\mu} + j\mathbf{i}_1^e\, e^{j\mu}\, \frac{d\mu}{dt} = \frac{d\mathbf{i}_1^e}{dt}\, e^{j\mu} + j\omega_e\, \mathbf{i}_1^e\, e^{j\mu}$$

Por fim, substituindo esta expansão de derivada na primeira equação do item anterior, conclui-se que:

$$\boxed{R_1\mathbf{i}_1^e\, e^{j\mu} + L_1\frac{d\mathbf{i}_1^e}{dt}\, e^{j\mu} + j\omega_e L_1\mathbf{i}_1^e\, e^{j\mu} + L_{mA}\frac{d}{dt}\left(\mathbf{i}_2^e\, e^{j\mu}\right) = \mathbf{v}_1^e\, e^{j\mu}}$$

f) Os resultados dos itens anteriores mostram que, diferente do caso estudado na Seção 13.1 do Livro-Texto, não existe um referencial para o qual o CDFM possa ser visto como um motor CC. Em todos os modelos de controle vetorial apresentados nos Capítulos 12, 13 e 14, os motores apresentavam algum referencial em que podiam ser vistos como motores CC, sendo controlados a partir deste referencial com as técnicas aprendidas para motor CC. Desta forma, não é possível aplicar diretamente estas técnicas de controle estudadas para motor CC no CDFM.

9.2 Exercício 2

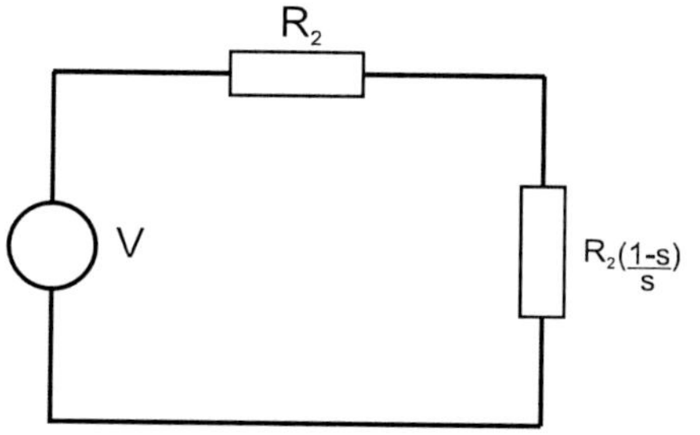

Figura 9.2: Circuito elétrico representativo da situação descrita no exercício

$$R_2 = R + r$$
$$P_1 = \frac{R+r}{s} I^2$$
$$P_2 = RI^2$$
$$\frac{P_2}{P_1} = s.\frac{R}{R+r}$$
$$\frac{P_2}{P_1} \simeq s = \frac{f_2}{f_1}$$

No caso de um Motor de Indução de Dupla Alimentação (MIDA), em lugar da resistência R, temos um conversor de eletrônica de potência com capacidade de condução de potência nos dois sentidos (conversor "back to back"). Quando a potência é consumida, temos uma situação parecida com a do caso acima.

Quando a potência é fornecida, fica mais parecido com a situação de um motor síncrono, só que a alimentação se dá com corrente alternada e não mais com corrente contínua. O valor de R no modelo acima seria também negativo.

Portanto, a relação dada na Equação 11.16 do Livro-Texto é válida também para a MIDA.

A inversão de sequência de fase do rotor, em relação ao estator, fica também esclarecida para a situação em que uma das potências (P_1 ou P_2) possui sentido (sinal) oposto ao da dedução anterior.

9.3 Exercício 3

Em um motor de indução, a parcela de potência elétrica (P_e) convertida em potência mecânica (P_m) é dada por:

$$P_m = (1-s)P_e$$

A parcela restante ($s.P_e$) é consumida no rotor (como visto no exercício anterior) ou transferida através do rotor (como no caso da MIDA). Assim, para a MIDA, pode-se escrever:

$$P_2 = s.P_1.$$

Lembrando-se que $s = f_2/f_1$, chega-se a

$$\frac{P_1}{f_1} = \frac{P_2}{f_2}.$$

9.4 Exercício 4

a)

$$n = \frac{60 - 24}{3} = 12Hz \rightarrow 720rpm$$

b)

$$\frac{P_1}{f_1} = \frac{P_2}{f_2}$$
$$P_1 - P_2 = 373$$

Logo, $P_1 = 621,7kW$ e $P_2 = 248,7kW$

c)

$$n = \frac{60 + 24}{3} = 28Hz \rightarrow 1680rpm$$

$$\frac{P_1}{f_1} = \frac{P_2}{f_2}$$
$$P_1 + P_2 = 373$$

Logo, $P_1 = 266,4kW$ e $P_2 = 106,6kW$

Nota-se que P_2 mudou de sentido.

Capítulo 10

Controle de Motores Síncronos
Sec. 14.1 do Livro-Texto

Este capítulo propõe apenas um exercício que explora a matéria da Seção 14.1 do Livro-Texto e também faz uma conexão com os demais capítulos que tratam de Controle Vetorial.

Exercício 1

Considere os seguintes esquemas de controle vetorial de motores CA:

A – Controle vetorial direto de um Motor de Indução Gaiola de Esquilo
B – Controle vetorial indireto de um Motor de Indução Gaiola de Esquilo
C – Controle vetorial de um Motor Síncrono de Ímã Permanente (MSIP)
D – Controle vetorial de um Motor de Indução de Dupla Alimentação (MIDA)

Todos eles dependem de observadores para determinar a posição do referencial de controle. Compare os observadores necessários quanto aos seguintes aspectos:

a – Variáveis de entrada do observador
b – Ângulo do referencial (saída do observador)

Organize a resposta em uma tabela de 4 linhas (A, B, C, D) e 2 colunas (a, b).

Obs.1: Controle Vetorial Indireto é aquele que considera a malha de controle de corrente tão perfeita que, para os cálculos do observador, as correntes de referência podem ser tomadas em lugar das medidas das correntes reais.

SOLUÇÕES

0.1 Exercício 1

	a	b
A	$\mathbf{i}_s$,ω	ρ, posição do fluxo enlaçado pelo rotor
B	i_{sqREF}, ω	ρ, posição do fluxo enlaçado pelo rotor
C	ϵ	ϵ, posição do rotor. Trata-se de um sensor, não há necessidade de um observador propriamente dito.
D	$\mathbf{i}_r$, U_s, ω	μ, posição do fluxo enlaçado pelo estator

No caso da MIDA (linha D acima), o referencial do fluxo enlaçado pelo estator pode ser diretamente obtido do vetor espacial das tensões de estator, $\underline{u}_S$, respeitadas as seguintes aproximações (Leonhard, 2001):

- resistências de estator de valor desprezível
- tensões de alimentação do estator provenientes de um sistema forte (barra infinita)

Dentro dessas hipóteses, o referencial do fluxo enlaçado pelo estator está atrasado de 90° do vetor $\underline{u}_S$.

Referências Bibliográficas

Livros

Alerich, W. (1988). *Electric motor control.* Washington: Delmar.

Barnes, M. (2003). *Practical variable speed drives and power electronics.* Amsterdam: Elsevier-Newnes.

Boldea, I., e Nasar, S. A. (1999). *Electric drives.* London: CRC Press.

Bose, B. (2002). *Modern power electronics and AC drives.* New Jersy: Prentice Hall.

Buxbaum, A., e Schierau, K. (1980). *Berechnung von Regelkreisen der Antriebstechnik.* Berlin: AEG-Telefunken.

Dewan, S. B., Slemon, G. R., e Straughen, A. (1984). *Power semiconductor drives.* New York: John Wiley.

Dubey, G. (1989). *Power semiconductor controlled drives.* London: Prentice Hall.

Herman, S., e Alerich, W. (1999). *Industrial motor control.* Washington: Delmar.

Hughes, A. (2003). *Electric motors and drives.* Amsterdam: Newnes.

Kazmiekowski, M., e Tunia, H. (1994). *Automatic control of converter-fed drives.* Berlin: Elsevier.

Kenjo, T. (1991). *Electric motors and their controls.* Tokyo: Oxford.

Kovacz, K., e Racz, J. (1959). *Transiente Vorgänge in Wechselstrommaschinen.* Budapest: Ung. Akad. Wiss.

Leonhard, W. (2001). *Control of electrical drives.* Berlin: Springer.

Moreton, P. (2000). *Industrial brushless servomotors.* Oxford: Newnes.

Murphy, J. M. D., e Turnbull, F. G. (1988). *Power electronics control of AC motors.* Oxford: Pergamon Press.

Novotny, D. W., e Lipo, T. A. (1996). *Vector control and dynamics of AC drives.* Oxford: Oxford Press.

Palma, J. (1999). *Acionamentos electromecânicos de velocidade variável.* Lisboa: Gulbenkian.

Valentine, R. (1998). *Motor control electronics handbook.* New York: Mc Graw-Hill.

Yamamura, S. (1986). *AC motors for high-performance application.* Tokyo: Marcel Dekker.

Impressão e acabamento
Gráfica da Editora Ciência Moderna Ltda.
Tel: (21) 2201-6662